"十三五"国家重点图书出版规划项目

城市交通拥堵对策系列

城市与交通一体化规划：
新加坡经验与珠海规划实践

陆化普　罗兆广　王　晶　著

中国建筑工业出版社

图书在版编目（CIP）数据

城市与交通一体化规划：新加坡经验与珠海规划
实践／陆化普，罗兆广，王晶著. —北京：中国建筑
工业出版社，2019.8
（城市交通拥堵对策系列）
ISBN 978-7-112-23806-4

Ⅰ. ①城⋯ Ⅱ. ①陆⋯ ②罗⋯ ③王⋯ Ⅲ. ①城市
规划-交通规划 Ⅳ. ①TU984.191

中国版本图书馆CIP数据核字（2019）第106318号

责任编辑：何　楠　黄　翊
书籍设计：锋尚设计
责任校对：赵　菲

城市交通拥堵对策系列
城市与交通一体化规划：新加坡经验与珠海规划实践
陆化普　罗兆广　王　晶　著
*
中国建筑工业出版社出版、发行（北京海淀三里河路9号）
各地新华书店、建筑书店经销
北京锋尚制版有限公司制版
天津图文方嘉印刷有限公司印刷
*
开本：787×1092毫米　1/16　印张：18¼　字数：370千字
2019年11月第一版　2019年11月第一次印刷
定价：**178.00元**
ISBN 978-7-112-23806-4
（34114）

　　随着我国城镇化与机动化进程的持续快速发展，城市规模越来越大，城市机动车交通迅速增加，城市交通供求关系日益尖锐，交通拥堵日益加剧，空气质量不断恶化，交通事故频繁发生等"大城市病"越来越严重，已经成为城市社会经济健康发展的制约因素，也是生态城市建设、城市可持续及提高城市品位和生活质量的瓶颈问题。

　　造成"大城市病"的重要根源之一就是不合理的城市土地利用模式，大规模单一功能的城市土地开发、交通系统与土地使用的严重脱节，导致土地使用功能过度单一、职住严重分离，产生大规模长距离的通勤交通，同时缺乏与之相适应的集约化、一体化的公共交通运输方式的匹配和支撑。

　　二十几年来，作者一直在致力于破解城市交通拥挤问题的理论分析与应用探索。这是一个系统工程问题，需要一个一揽子解决方案，不可能通过一两个对策解决问题。然而，在破解城市交通拥堵问题的系统对策中，进一步突出重点的话，可以概括成"调结构"。可以说，调结构是解决城市交通拥堵等大城市病的第一策略和根本措施。调结构的内涵就是调城市结构、调交通结构、调路网结构、调路权结构。所谓调城市结构，就是构建多中心城市结构，推进混合土地使用，通过城市与交通的一体化规划，构建合理的城市结构和土地使用形态以及与此相匹配的综合交通运输系统，实现减少城市居民出行需求总量和缩短出行距离的目的，实现短距离出行采用步行和自行车、长距离出行乘坐公共交通的以绿色交通为主导的合理城市交通结构和出行模式。

　　要想推动城市土地使用与交通运输系统的一体化，TOD模式是一个重要的实现途径。在推进TOD开发模式方面，国外已经进行了较多的探索与实践。

　　在人口众多的东亚地区，特别是在日本、新加坡和我国香港已经成功实施了TOD的开发模式，这些案例均产生了非常可观的社会经济效益、交通效益和环境效益，是国内外公认的、经得起实践检验、能够带来城市发展新动能的重大举措。

　　东京通过建立轨道交通站点与周边用地一体化开发流程与相关制度，

实现了公交导向的城市土地开发模式，显著减少了交通出行总量，缩短了市民平均出行距离，为市民提供了一个安全便捷的绿色交通主导的城市综合交通系统。

香港通过政府引导、市场化运作的一体化模式，不但为市民提供了世界一流的安全、便捷、绿色、经济的城市轨道交通系统，同时也是世界上为数不多的能够实现盈利的轨道交通系统。从其利润来源看，只有37.31%源于客运业务，其他利润则来自于车站商业、物业租赁及管理业务、物业发展等。

新加坡、东京、香港等城市的发展经验表明，抓住轨道交通发展契机，推进以轨道交通枢纽与周边用地的一体化开发、土地混合使用为核心的TOD模式，不但有利于形成绿色交通主导的城市综合交通系统、实现生态城市的发展目标，而且也是调整城市用地形态和交通结构，破解城市交通拥堵、减少汽车排放等"大城市病"的关键举措。

然而，目前国内城市与交通一体化无论是体制机制，还是法规政策、规范方法以及实践探索等方面与国外相比差距仍较大，与人民群众对交通的便捷性、高效性、舒适性等美好生活需求相比，还有较大的距离。因此系统分析和总结新加坡在城市与交通一体化规划方面的成功经验，结合中国城市实际进行探索应用，定义TOD的中国内涵、实施流程及规划思路与方法，具有十分重要的意义。为此，作者结合珠海西部新城案例，以TOD思路为指导，制定了综合交通系统的规划方案。以此为基础，整理凝练了此书。

本书内容分为两大部分。

第一部分详细分析说明了新加坡城市与交通一体化规划的成功经验。在总结和分析新加坡交通政策发展、交通管理发展的历程、演变及经验的基础上，详细分析说明了新加坡的TOD开发模式的体制机制、法规制度、工作流程、技术方法、规范要求等内容，同时也重点对新加坡公交优先策略与实施、以人为本的交通规划及交通设计、交通拥堵收费、交通需求管理策略与实施、交通供给与交通投资策略、货运交通与产业结构、面向未来的交通愿景及重要相关规范等方面内容进行了深度分析与总结，系统给出了新加坡在城市与交通一体化规划方面的成功经验。

第二部分是作者在充分借鉴新加坡等城市的国际经验的基础上，紧密结合珠海市实际，编制完成的珠海西部中心城区综合交通规划的核心内容，这是一次基于城市与交通一体化规划理念的规划实践。内容主要包括该规划交通优化提升的思路和重点、基于土地利用的综合交通需求预测与模型建立、基于TOD理念的公共交通系统优化方案、综合交通枢纽TOD规划方案等内容。在该案例的综合交通枢纽TOD规划中将枢纽分为4大类，提出了不同枢纽类型TOD规划及开发引导策略，并从用地性质控制及开发强度、多种交通方式无缝衔接、枢纽步行衔接规划设计及站点层面开发规划设计等方面提出了一体化规划设计的具体方案，及其开发模式及工作流程、实施主体及机制，为城市与交通一体化规划落地提供了可操作性方案。

此外，本书附件内容为在此次珠海西部中心城区综合交通规划实践过程中形成的珠海西部中心城区TOD规划设计实施导则，其中包括新城（区域）层面和线路站点层面的规划引导技术要求、实施机制等。

为深刻理解新加坡经验，精准描述新加坡经验的关键和要点，本书作者组织团队对新加坡进行了深度调研。团队主要成员丁宇、屈闻聪、余露虹、欧阳陈海、华婷婷、王晶分别执笔撰写了新加坡经验的部分章节，为凝练新加坡经验做出了辛勤努力，作者在此深表谢意！此外，新加坡政府城市规划局、陆运交通管理局等单位对团队的调研给予了热情接待和详细的讲解介绍，在此一并表示诚挚的谢意！

本书可为城市决策者、城市管理者以及从事城市规划、交通规划的研究与规划设计者提供参考。希望本书可为解决我国城市与交通一体化问题、破解"大城市病"贡献力量。

作者2019年于清华大学

目录

第一篇　新加坡经验：城市与交通一体化规划的成功探索

第一章　新加坡城市及城市交通概况/002

第一节　新加坡概况/002

第二节　社会经济发展状况/002

第三节　城市交通发展现状/005

第四节　交通规划与管理体制/013

第二章　新加坡交通政策发展历程及其经验/017

第一节　新加坡交通发展历程与交通政策变迁/017

第二节　新加坡的交通规划发展历程及其经验总结/020

第三节　新加坡交通建设经验/025

第三章　新加坡交通管理发展历程、政策演变及经验/032

第一节　新加坡交通管理发展历程/032

第二节　不同阶段交通管理政策与措施的演变及其背景分析/039

第三节　新加坡交通规划与管理部门的协调机制与工作流程/041

第四节　新加坡交通影响评价实施情况/044

第四章　TOD开发策略与实施/048

第一节　TOD指导方针/048

第二节　推进TOD的工作流程与相关部门及其职责分工/048

第三节　TOD的实施主体与协调机制/051

第四节　TOD的规划设计流程与方法/053

第五节　综合交通枢纽周边土地利用控制策略与方法/054

第六节　综合交通枢纽的交通方式无缝衔接、步行空间、
出入口规划思路及设计引导原则和方法/056

第七节　TOD项目案例资料及经验/057

第八节　容积率的计算方法及控制/066

第九节　轨道交通站点分类及不同站点用地特点和容积率
　　　　控制/067

第五章　公交优先策略与实施/074

第一节　公交优先对策与措施概况/074

第二节　公交专用道设置状况与案例/075

第三节　公交收费与票务系统及服务质量评价/076

第四节　公交枢纽、场站用地的规划和保障/080

第五节　公共交通换乘与接驳/081

第六节　轨道交通规划与建设/083

第七节　轨道交通建设标准与建设时序/084

第六章　以人为本的交通规划及交通设计/086

第一节　步行与自行车系统现状/086

第二节　绿道设计原则、方法与案例/086

第三节　有盖走廊设计原则、方法与案例及协调机制/089

第四节　自行车专用道设计原则、方法与案例/091

第五节　行人安全设施设计原则、方法与案例/092

第六节　停车设施设计原则、方法与案例/094

第七章　交通拥堵收费/097

第一节　ERP系统概况/097

第二节　ERP当前实施方案/099

第三节　ERP的收费对象、收费费率的确定方法及动态更新
　　　　机制/101

第四节　实施效果分析/102

第八章　交通需求管理策略与实施/105

第一节　新加坡机动车拥有量发展历程/105

第二节　新加坡机动车使用特性/106

第三节　车辆配额制与拥车证方案实施背景及其变迁/107

第四节　新加坡的停车管理/111

第九章　交通供给与交通投资策略/115

第一节　道路交通基础设施供给策略/115

第二节　智能交通系统建设策略/116

第三节　公共交通投资策略/116

第十章　货运交通与产业结构/121

第一节　航空货运与物流/121

第二节　港口货运与物流/123

第十一章　面向未来的交通愿景/125

第一节　城市发展目标/125

第二节　中远期交通发展目标/125

第三节　面向未来交通的交通政策/126

第四节　面向未来交通的发展规划/126

第十二章　相关规范/131

第一节　道路交通法、道路交通规则/131

第二节　有盖廊道导则/132

第三节　二层连廊导则/132

第四节　道路、轨道建筑设计标准/135

第二篇　珠海西部中心城区综合交通规划：基于城市与交通一体化规划理念的规划实践

第十三章　规划背景与目标/139

第一节　规划目标/139

第二节　规划背景/139

第三节　规划范围与年限/140

第四节　规划依据及参考资料/140

第五节　规划重点与技术路线/141

第十四章　交通优化提升的思路和重点/143

第一节　交通发展趋势分析/143

第二节　面临的挑战/144

第三节　经验借鉴/145

第四节　交通发展愿景与目标/151

第五节　交通发展战略和优化策略/152

第十五章　综合交通需求预测与模型建立/157

第一节　模型总体设计/157

第二节　交通模型基础数据/159

第三节　交通模型建立/162

第四节　交通需求分析/170

第十六章　公共交通系统优化/189

第一节　公共交通发展前景分析/189

第二节　规划目标和发展指标/191

第三节　对《西部中心城区城市总体规划》的反馈及
　　　　发展思路/193

第四节　客运走廊及公共交通网络组织/194

第五节　轨道交通线网优化调整建议/195

第六节　有轨电车和快速公交优化规划/198

第七节　轨道交通车辆基地布局原则及控制要求/199

第八节　常规公交发展规划/201

第十七章　综合交通枢纽TOD规划/218

第一节　综合交通枢纽TOD规划目标/218

第二节　综合交通枢纽TOD规划理念及范围/219

第三节　综合交通枢纽TOD一体化规划设计/223

第四节　综合交通枢纽TOD开发模式及工作流程/230

第五节　综合交通枢纽TOD实施主体及机制/234

第六节　综合交通枢纽TOD方案规划实施案例/236

附件：珠海西部中心城区TOD规划设计实施导则/265

第一节　总则/265

第二节　基本规定/267

第三节　珠海西部新城层面规划引导/268

第四节　线路站点层面规划引导/270

第五节　实施机制/279

第一篇

新加坡经验：城市与交通一体化规划的成功探索

第一章 新加坡城市及城市交通概况

第一节 新加坡概况

新加坡是东南亚的一个岛国，也是一个城市，位于马来半岛南端，毗邻马六甲海峡南口，其南面有新加坡海峡与印度尼西亚相隔，北面有柔佛海峡与东马来西亚相隔。新加坡国土狭小，资源缺乏，自1965年脱离马来西亚联邦，成为独立国家之时，尚为一个贫穷的小渔村，然而从20世纪60年代开始，推行出口导向型战略，重点发展劳动密集型的加工产业，在短时间内实现了经济的腾飞，通过近50年的发展，一跃成为全亚洲发达富裕的地区，成为"亚洲四小龙"之一。

新加坡是亚洲最重要的金融、服务和航运中心之一。新加坡作为世界知名的国际大都市，在城市建设管理方面效果显著，无论是漫步花园绿地、城市街道，还是坐车在快速路上，满眼看到的都是绿地的恬静和形态各异热带植被的色彩缤纷，故亦有"花园城市"之美称，其先进的交通系统是世界各大城市学习的典范。

第二节 社会经济发展状况

1. 人口、面积、GDP总体情况

根据新加坡统计局（Department of Statistics Singapore，*www.singtstat.gov.sg*）数据，截至2017年6月，新加坡总人口为561.2万人，其中新加坡公民即Singapore Citizen 为343.9万人，永久居民即Permanent Residents为52.7万人，非居民即Non-Residents 为164.6万人，比2016年的560.7万人多出0.09%。总人口增长率自2008年基本上持续下滑，从当时的5.5%，分别滑落到2015年的1.2%和2016年的1.3%（图1-1）。

新加坡总人口增长放缓的主要因素是非居民人口的增幅较同期小。值得关注的是，新加坡公民人口继续老龄化，年满65岁的公民比率达到14.4%，比2008年的9.6%更高。公民人口的年龄中位数继续从37.8岁提高到41.3岁。永久居民人口则

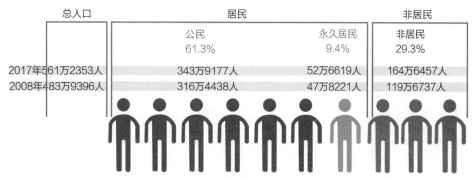

总人口	居民		非居民
	公民 61.3%	永久居民 9.4%	非居民 29.3%
2017年561万2353人	343万9177人	52万6619人	164万6457人
2008年483万9396人	316万4438人	47万8221人	119万6737人

图1-1　新加坡10年（2008～2017年）人口增长情况[1]

连续五年维持在约53万人，大多数都在25～49岁的主要劳动年龄层。新加坡是一个多种族国家，2017年新加坡居民中华人比例约占74.3%，马来人约占13.4%，印度人约占9.0%，其他种族约占3.2%（图1-2）。

新加坡国土资源极其有限，截至2017年6月，新加坡总面积为719.9km²，东西长43km，南北长23km，人口密度为7796人/km²，比1960年代独立时仅有的581.5km²增加近25%的土地，都是由填海所得（表1-1）。

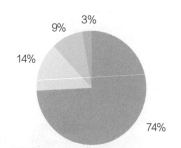

图1-2　新加坡居民人口种族构成情况（2017年）

■中国人 ■马来西亚人 ■印度人 ■其他

新加坡人口用地情况表（2008年 vs 2017年）[1]　　表1-1

类别	2017年6月	相比2008年增长率（%）	2008年6月
总人口（万人）	561.2	16.0%	483.9
新加坡居民（万人）	396.5	8.9%	364.2
新加坡公民（万人）	343.9	8.7%	316.4
永久居民（万人）	52.7	10.3%	47.8
人口密度（人/km²）	7796	14.4%	6814
土地面积	719.9	1.4%	710.2

资料来源：http://www.singstat.gov.sg.

新加坡经济高度发达，2017年新加坡GDP为4473亿新币（3313亿美元），人均GDP为5.29万美元，北京2017年GDP为2.8万亿元，按当前汇率，约4074亿美元，略高于新加坡，但北京人均GDP为1.91万美元，仅为新加坡的0.36。

2. 不同分区的面积、人口及人口密度分布

根据新加坡市区重建局（URA）使用的各个"发展指导规划"（DGP）规划分区来分析新加坡人口的地理分布。

新加坡人口高度集中，截至2015年6月底，390万新加坡居民（Singapore Residents）中有56.6%的人集中分布在10个规划分区，其中勿洛（Bedok）、裕廊西（Jurong West）、淡宾尼（Tampines）和兀兰（Woodlands）4个新镇超过25万居民，而勿洛新镇更是高达28.9750万人，勿洛新镇的面积为9.4km²。目前有58000个组屋单位，其中以2、3居室的单位居多，人口密度高达3.08万人/km²（图1-3、图1-4）。

截至2015年，81.0%的居民（约316万）居住在政府组屋。其中，有8个规划分区居住政府组屋的人口比例超过90.0%，最高的是榜鹅（Punggol），其次是兀兰（图1-5）。

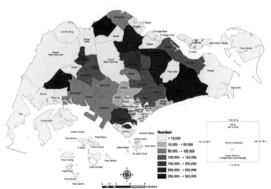

注：地图是基于新加坡市区重建区2014总体规划、新加坡土地管理局2015新加坡岛简介绘制而成。2014总体规划是对中长期（10-15年）规划的前瞻性指导，计划边界可能与现有开发不一致。

图1-3 新加坡人口密度分布情况（2015年6月）[2]

注：地图是基于新加坡市区重建区2014总体规划、新加坡土地管理局2015新加坡岛简介绘制而成。2014总体规划是对中长期（10-15年）规划的前瞻性指导，计划边界可能与现有开发不一致。

图1-4 新加坡人口密度分布情况——中区（2015年6月）[2]

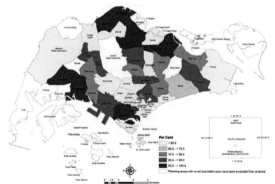

注：地图是基于新加坡市区重建区2014总体规划、新加坡土地管理局2015新加坡岛简介绘制而成。2014总体规划是对中长期（10-15年）规划的前瞻性指导，计划边界可能与现有开发不一致。

图1-5 新加坡居住政府组屋人口密度分布情况（2015年6月）[2]

3. 主要产业情况

1965年独立之初，新加坡采取了走"工业化道路"的正确经济发展路线，其经济发展经历了由独立初期时的劳动密集型工业、逐步过渡到具有高附加值的资本、技术密集型工业和高科技产业，进而发展到目前的服务、金融等知识密集型经济。

如今，新加坡已发展为世界电子产品重要制造中心和第三大炼油中心，已经由一个转口港（Export）为主的经济体转变为一个发达的经济体。新加坡属外贸驱动型经济，以电子、石油化工、金融、航运、服务业为主，高度依赖中、美、日、欧和周边市场，外贸总额是GDP的四倍。为刺激经济发展，政府提出"打造新的新加坡"，努力向知识经济转型，并成立经济重组委员会，全面检讨经济发展政策，积极与世界主要经济体商签自由贸易协定。根据2017年的全球金融中心指数（GFCI）排名报告，新加坡是全球第四大国际金融中心。2017年，新加坡制造业占GDP比重为18%左右，为经济结构中最大的产业[3]。

第三节　城市交通发展现状

1. 各等级道路里程

截至2017年，新加坡道路网总长度达到了3500km，其中有10条快速路（164km），到2020年后再增加1条快速路（21km）（图1-6、图1-7、表1-2）。新加坡的道路系统保持较高的运行水平，快速路系统运行速度非常高，平均高峰时速达到64.1km/h，近十年均保持在60km/h以上，而主干道系统平均高峰时速也达到28.9km/h[4]（表1-3）。

快速路
城市主干道
城市次干道
城市支路

图1-6　新加坡道路网系统

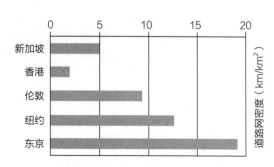

图1-7　新加坡道路网密度与香港、伦敦、纽约、东京对比情况

新加坡道路长度变化情况表（2005～2017年）[4]　　　表1-2

年份	快速路（km）	主干道（km）	匝道（km）	次干道（km）	总长（km）
2005	150	594	455	2036	3235
2006	150	604	468	2040	3262
2007	153	613	489	2042	3297
2008	161	621	500	2043	3325
2009	161	627	521	2046	3355
2010	161	627	521	2047	3356
2011	161	645	557	2048	3411
2012	161	652	561	2051	3425
2013	164	662	571	2055	3452
2014	164	698	578	2055	3495
2015	164	699	580	2057	3500
2016	164	704	585	2059	3512
2017	164	704	576	2056	3500

新加坡道路速度变化情况表（2005～2014年）[4]　　　表1-3

年份	高峰小时平均速度*（km/h）	
	快速路	中心商业区/主干道
2005	62.8	26.7
2006	62.7	27.6
2007	61.2	26.8
2008	63.6	26.6
2009	62.2	27.6
2010	62.3	28.0
2011	62.5	28.5
2012	63.1	28.6
2013	61.6	28.9
2014	64.1	28.9

* 取早高峰（8～9点），晚高峰（18点～19点）平均值

2. 各类型机动车保有量

新加坡一直致力于控制车辆的增长，采用了限制车辆拥有的政策（Limiting the Ownership of Vehicles）和限制车辆使用的政策（Limiting the Usage of Vehicles），机动车总量一直保持较低的增长速度，新加坡从1990年开始对车辆拥有实行拥车证制度（COE），目的是把车辆年净增长率由平均7%降低到3%，自2004年到2014年，实际年均增长率为3.4%。2009年后分阶段把年净增长率再降低到1.5%、0.5%（2013年）、0.25%（2015年）。从2018年起，私人车辆的年净增长率降为零。

截至2017年，新加坡机动车总量为96.1842万辆，其中小汽车为61.4789万辆，占机动车总量的64%，小汽车千人保有量为110辆，比1970年的小汽车千人保有量69辆增加了1.64倍（表1-4、表1-5、图1-8）。

新加坡机动车保有量情况表（2017年）[4]　　　　　　　　　表1-4

车辆类型	车辆数	车辆占比（%）
小汽车	614789	64%
出租车	23140	2%
公共汽车	19285	2%
货车与其他	162712	17%
摩托车	141916	15%
机动车总量	961842	100%

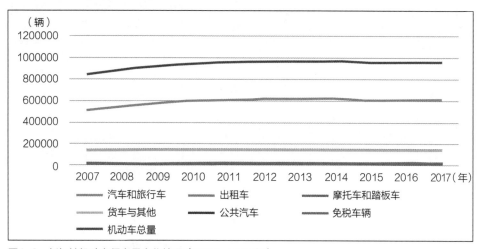

图1-8　新加坡机动车保有量变化情况（2007~2017年）

（资料来源：LTA Annual Vehicle Statistics 2017）

表1-5

新加坡机动车保有量情况表（2007～2017年）

类型	2007年	2008年	2009年	2010年	2011年	2012年	2013年	2014年	2015年	2016年	2017年
汽车和旅行车	514685	550455	576988	595185	603723	617570	621345	616609	602311	601257	612256
出租车	24446	24300	24702	26073	27051	28210	27695	28736	28259	27534	23140
摩托车和踏板车	143482	145288	146337	147282	145680	143286	144307	144404	143279	142439	141304
货车与其他	138604	142966	144802	143613	145158	145046	144202	144507	143972	143966	142857
公共汽车	14192	14976	15659	15936	16652	16768	17065	17109	17740	18338	18814
免税车辆	15927	16697	17030	17740	18440	19030	19556	20672	21685	22896	23471
机动车总量	851336	894682	925518	945829	956704	969910	974170	972037	957246	956430	961842

资料来源：LTA Annual Vehicle Statistics 2017.

3. 各种交通方式分担率

新加坡交通出行总量呈快速增长趋势，根据居民出行调查，新加坡总出行量从1997年的750万人次，增加到2008年的990万人次，2012年为1470万人次，人均出行次数从1997年的1.96次和2008年的2.05次增加到2012年的2.35次。截至2016年，新加坡交通出行总量为1540万人次，预计2030年，出行量将再增加50%，出行量的增加主要是由于人口的增加和出行次数的增加（图1-9）。

基于新加坡重点发展公共交通，以及对车辆保有和使用的限制，新加坡居民出行选择公共交通的比例增长较快，现状高峰公交出行比例占到67%。同时，为了应对继续增加的交通出行需求，新加坡持续提供更有吸引力的公交服务，以提升公交出行比例，比如，在2013年陆路交通总体规划中提出，在未来十五年将扩展轨道交通网络，达到360km，在2030年提升高峰公交出行率到75%（图1-10～图1-12）。

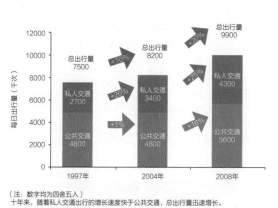

（注：数字均为四舍五入）
十年来，随着私人交通出行的增长速度快于公共交通，总出行量迅速增长。

（a）

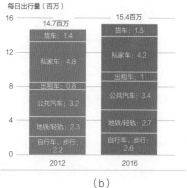

公共交通出行增加

不同交通方式的出行需求

（b）

图1-9　新加坡交通出行量变化情况图[4]
（资料来源：陆路交通管理局）

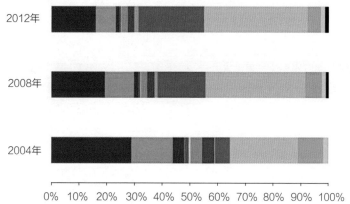

- ■ 私家车司机
- ■ 私家车乘客
- ■ 货车司机
- ■ 货车乘客
- ■ 摩托车司机
- ■ 摩托车乘客
- ■ 出租车
- ■ 轻轨系统
- ■ 城市轨道交通系统
- ■ 公共汽车
- ■ 小巴/校车/公司班车
- ■ 自行车
- ■ 其他

图1-10　新加坡出行方式比例图[4]

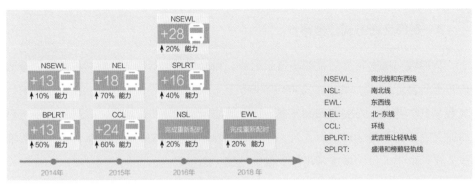

图1-11　新加坡五年增加地铁服务计划示意图[4]

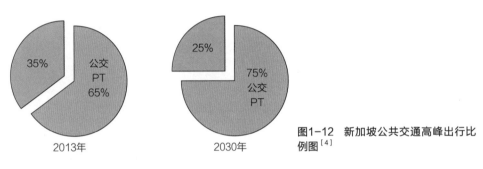

图1-12　新加坡公共交通高峰出行比例图[4]

4. 历年客、货运量

新加坡致力于打造世界级的公共交通，公共交通出行极其发达，其2017年公共交通系统情况如下（表1-6、图1-13）：

（1）城市轨道交通系统（MRT）：截至2017年，5条线路，200km，141个站点，日运送312万人次。

（2）城市轻轨系统（LRT）：截至2017年，3条线路，29km，37个站点，日运送19万人次。

（3）公共汽车系统（Bus）：截至2017年，350条线路，4700个站点，日运送395万人次。

（4）出租车（Taxi）：截至2017年，2.31万辆，日搭载90万人次。

新加坡历年公交日均客流量表（2005～2016年）[4]（千人次）　表1-6

年份	城市轨道交通系统	城市轻轨系统	公共汽车系统	出租车
2005年	1321	69	2779	980
2006年	1408	74	2833	946
2007年	1527	79	2932	944
2008年	1698	88	3087	909
2009年	1782	90	3047	860
2010年	2069	100	3199	912

续表

年份	城市轨道交通系统	城市轻轨系统	公共汽车系统	出租车
2011年	2295	111	3385	933
2012年	2525	124	3481	967
2013年	2623	132	3601	967
2014年	2762	137	3751	1020
2015年	2879	153	3891	1010
2016年	3095	180	3939	954
2017年	3122	190	3952	900

2014年新加坡航空客运吞吐量为5410万人次，低于北京首都国际机场（8612.83万人次），与广州白云机场（5478.28万人次）相当，略高于上海浦东机场（5166.28万人次）（图1-14）。

2014年新加坡航空货运吞吐量为184万t，与北京首都国际机场相当（184.83万t），高于广州白云机场（144.89万t），低于上海浦东机场（317.82万t）（图1-15）。

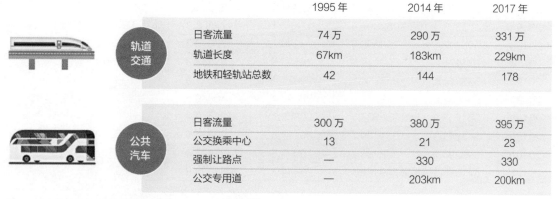

图1-13　新加坡公交发展对比图（1995~2017年）[4]

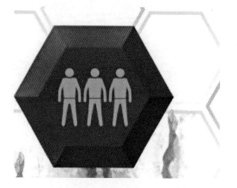

图1-14　新加坡樟宜国际机场客运吞吐量图（2009~2014年）[4]

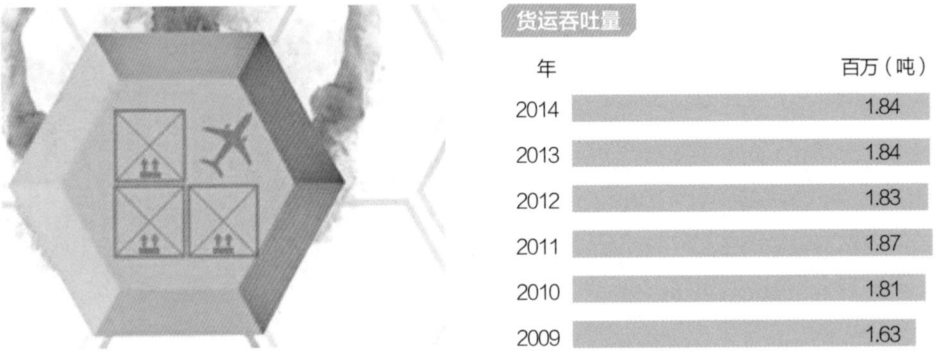

货运吞吐量	
年	百万（吨）
2014	1.84
2013	1.84
2012	1.83
2011	1.87
2010	1.81
2009	1.63

图1-15 新加坡樟宜国际机场货运吞吐量图（2009～2014年）[4]

　　2017年新加坡港口货运吞吐量为6.28亿t，相比上年，增长率为5.8%，主要为集装箱吞吐量从2016年的3.28亿t增加到2017年的3.49亿t（表1-7、图1-16）。

新加坡港口历年吞吐量表（2007～2017年）[4]（千t）　　　表1-7

	货运吞吐量	普通货物		散装货物	
		集装箱化	传统	油	非油类散货
2007年	483616.1	289094.2	25823.2	157382.3	11316.4
2008年	515415.3	308489.7	27934.9	167318.9	11671.8
2009年	472300.3	262896.8	17452.1	177323.7	14627.7
2010年	503342.1	289693.5	23989.7	177070.2	12588.7
2011年	531175.6	309379.9	26130.6	183843.3	11821.8
2012年	538012.1	323714.0	29827.6	169671.5	14799.0
2013年	560887.9	333049.0	32067.4	180449.5	15322.0
2014年	581268.0	353538.7	30879.7	181679.4	15170.3
2015年	575845.8	331739.7	30118.8	195836.9	18150.4
2016年	593296.7	328195.7	25047.8	221413.4	18639.9
2017年	627688.1	349101.4	26944.3	233038.8	18603.6

18150.4

195836.9

331739.7

30118.8

■ 集装箱化　　□ 传统　　■ 油　　■ 非油类散货

图1-16 新加坡港口吞吐量图（2015年）[5]（亿t）

第四节　交通规划与管理体制

1. 管理体制

新加坡交通部（Ministry of Transport）是新加坡管理交通运输的政府部门，负责航空、海事、陆路交通的政策、发展及监管，设置有陆路交通管理局（LTA）、公共交通理事会（PTC）、民航管理局（CAAS）和海事及港务管理局（MPA）四个法定机构，其中，陆路交通管理局负责统筹所有的城市交通模式和职能，公共交通理事会负责监管公交票价及票务等，民航管理局负责航空运输和监管机场，海事及港口管理局负责海运和监管港口（图1-17）。

新加坡陆路交通管理局（LTA）是通过把道路署、地铁局、车辆注册局与陆交司四合为一而成立，实现了城市交通政策、规划、发展、管理的统筹一体化。陆路交通管理局全面负责对陆路交通的规划、发展、实施和管理，根据城市交通发展理念提出综合的策略和措施，并且在一个部门内通过垂直的机构设置来促进各项政策措施的统一落实。具体职能包括制定交通发展政策和战略，道路、轨道交通和公共汽车网络规划，道路、非机动车道、轨道与搭客基础设施发展和设计与建设项目管理、道路交通管理，包括非法停车执法、道路结构与设施维护，监管公共交通、出租车和车辆等。

国内绝大多数城市的交通规划、建设、管理等职能由规划局、建设局、交通局、公交公司、交警等部门分别承担，平行的机构设置和多头管理容易造成部门之间职权不清，规划的执行力较差，无法推动规划的有效落实和有序性（图1-18）。

注：驾照管理及交通执法由交警负责

图1-17　新加坡交通管理架构图

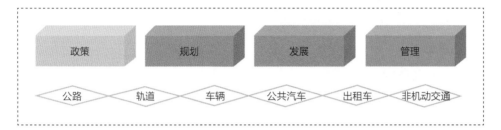

图1-18 新加坡城市交通一体化管理示意图

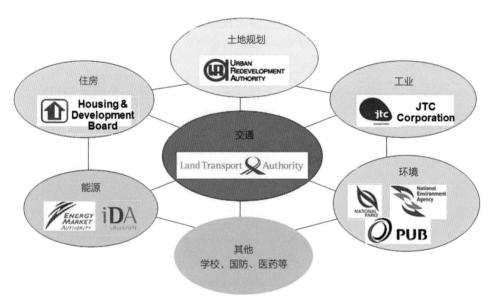

图1-19 新加坡城市交通一体化规划（部门一体化）

2. 一体化交通规划机制

1）多部门一体化

陆路交通管理局作为制定交通规划、政策制定和具体实施的主体，在每五年一次的编制陆路交通总体规划、政策制定和规划方案实施过程中，会与相关部门紧密配合，主要通过征求意见、定期会议的形式，实现多部门之间的规划管理一体化（图1-19）。

2）交通与土地一体化

（1）城市概念规划、总体规划

新加坡的城市规划和交通规划是由城市重建局（URA）和陆路交通管理局这两个不同部门所分别承担的。新加坡城市规划采用概念规划（每10年修编一次）和总体规划（每5年修编一次）的二级规划体系，在概念规划层面上，交通部作为参与部门全程参与编制并主导交通规划，在总体规划层面上以陆路交通总体规划进行

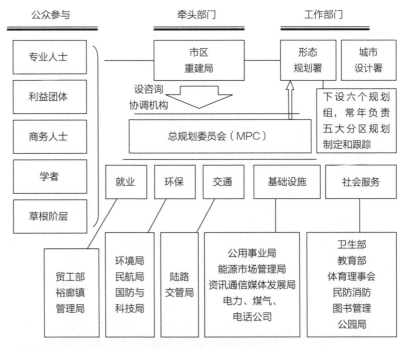

图1-20 新加坡概念规划编制组织结构图

支撑，概念规划在宏观层面上突出战略性和远景化，总体规划和陆路交通总体规划在中微观层面上突出实施性和具体化。通过陆路交通管理局与城市重建局的紧密合作，使交通规划与土地规划结合，交通设施与建筑综合开发，确保预留未来交通用地，交通基础设施即时到位，同时从根本上降低机动出行距离，促进公交使用，减少对小汽车的依赖（图1-20）。

（2）管理交通需求

除了利用土地使用政策，新加坡也通过整合交通规划和城市规划来管理交通需求。在进行指定区域的规划时，市区重建局负责进行包括交通在内的总体设计。在此设计完成以后，陆路交通局对此设计中的交通规划部分进行评估和测试，通过电脑模型和大型仿真软件模拟未来交通状况以确定交通设计的容量和分布是否合理，并将信息反馈回市区重建局，完成或者重新修改总体设计。这种运作机制上的耦合设计在一定程度上满足了系统整合的要求。

3. 一体化交通管理机制

新加坡构建了以轨道交通为主导、轻轨和公共巴士为接驳的多模式综合化公共交通系统，并通过设施一体化、票制票价一体化、运营管理一体化等措施鼓励乘客在各种公共交通方式间无缝换乘出行，促进公共交通的使用。

参考文献

［1］新加坡统计局网站 http://www.singstat.gov.sg.

［2］新加坡市区重建局网站 各分区发展指导规划 DGP https://www.ura.org.hk/tc.

［3］英国智库Z/Yen集团和中国（深圳）综合开发研究院共同编制 2017年的全球金融中心指数（GFCI）
　　　排名报告 2017.

［4］新加坡陆路交通管理局网站 https://www.lta.gov.sg/content/ltaweb/en.html.

［5］新加坡海事和港口管理局 http://www.mpa.gov.sg.

第二章　新加坡交通政策发展历程及其经验

第一节　新加坡交通发展历程与交通政策变迁

1. 城市交通状况及相应的政策变化

新加坡自1965年建国以来，由于机动化进程不断推进，对新加坡城市交通状况产生了巨大的影响。随着机动化进程的不断推进，在不同时期，新加坡政府采取了不同的交通政策来解决城市交通问题，这一政策变迁过程及其产生的效果和影响值得参考和借鉴。

政策变迁情况简要总结如下[1~3]。

1）1960年代，道路交通为主的政策与管理

1960年代，新加坡建国之初，经济问题与住房危机是政府关注的重点，道路网络急需发展，快速路开始建设，资金短缺，公共交通建设无法兼顾，随着小汽车的快速增长，带来严重的交通拥堵问题。

2）1970年代，形成综合治理机制

1970年代，新加坡政府大力改革公共汽车系统，整合11家大小型公交营运商，提升公交运力与服务。同时，政府意识到交通拥堵的严重影响，开始治理交通拥堵问题，一方面，通过调整车辆关税、路税和附加注册费，抑制车辆过快增长；另一方面，为改善城市中心商务区（CBD）的交通拥堵问题，于1975年实行了"区域许可证"制度（Area Licensing Scheme，ALS），规定除非车上有4人（1989年后取消这项优惠，所有车辆都需付费），否则对进入限制区域（Restricted Zone）的车辆必须购买"区域通行证"（小汽车每天3新币，每个月60新币），这样就使得进入中央商业区的车辆减少了44%，缓解了中心区的交通压力，公交分担率也得以提高。

3）1980年代，公共交通基础设施建设

随着经济、城市快速发展，人口增长，机动化进程的进一步发展。1980年代，新加坡政府开始大力投资公共交通基础设施建设，提高城市交通的供给水平和效率。1982年开始建设地铁系统，1987年第一条地铁线路投入运营。同时，公共汽车服务持续提升。

4）1990年代，实施交通需求管理

1990年起，新加坡开始实行车辆配额制度（vehicle quota system），以严格控制车辆的数量。该政策规定，所有新车的购买必须先从政府购买拥车证（COE），有效期是10年，而拥车证的数量由政府严格控制，确保年净车辆增长率（1990年开始时是3%）是道路网所能承担的，不同种类车辆的拥车证的价格则通过公开拍卖决定。这一严格的车辆保有政策对控制车辆增长取得了明显的效果。

同时，对车辆的使用新加坡政府也实行了更高效的拥堵管理政策。1998年开始把人工的"区域许可证"制度转换成高科技化的公路电子收费（Electronic Road Pricing，ERP）系统，对大量快速路和进入中央商务区的车辆进行电子实时拥堵收费，有效地缓解交通拥堵，优化道路网交通流量。调查数据表明，在控制区控制时间内的总交通流入量减少了20%，平均行驶时速提高近10km/h，达到近30km/h。

5）2000年代，优先发展公共交通

2000年以来，新加坡政府在继续对车辆需求进行严格管理的同时，大力推进公交优先。一方面，大力投入增加公共交通的供给，包括扩展轨道交通网络，提升公交服务质量等；另一方面，实行了一系列的公交优先的措施，如一体化空调公交换乘枢纽、全天候公交专用道、公交车优先开出港湾式车站、交叉口的公交信号优先、实时的公交信息服务、地铁公交一体化的票制等。

6）2010年代，以人为本的交通理念

进入2000年代末和2010年代，新加坡政府提出了"以人为本"（people-centered）的交通理念（2008、2013年交通总体规划），继续强化公交优先，加快扩展地铁，改革和提升公共汽车系统（服务外包模式），管理交通需求，满足居民的多样化的需求；进一步地建设宜居包容社区，为弱势群体（老年人、残疾人等）提供无障碍的通道，提高行人的出行环境和安全，建设自行车网络，减低交通噪声，保障城市的开放空间，促进环境的可持续发展，迈向"少用车"的社会。

2. 城市交通重要政策及其变化过程

从《1996年新加坡城市交通白皮书》（以下简称《1996年白皮书》）开始，新加坡陆路交通管理局共发布过三份城市综合交通总体规划文件，分别是《1996年白皮书》、《2008年陆路交通总体规划》和《2013年陆路交通总体规划》。这三份文件反映了不同时期新加坡政府解决城市交通问题的策略与对策。

《1996年白皮书》提出了打造世界一流的陆路交通系统的目标。为达到这一目标，《1996年白皮书》提出了以下四项城市交通政策[1]：

（1）交通规划与土地利用一体化。在概念规划层面确立了分散化发展、建设副中心的理念，促进职住均衡，避免长距离通勤；在地铁站等交通枢纽周边推进

TOD开发模式，提高站点周边的开发强度。

（2）建设完善的道路网络系统，并采取综合措施最大化道路通行能力。提高道路交通管理水平，并推进智能交通系统的发展。

（3）采取交通需求管理政策。主要包括控制车辆保有的拥车证制度和电子拥堵收费政策。

（4）加强公共交通的发展。推进地铁线路的建设，并提升常规公交服务。在交叉口采取公交信号优先，提供实时的公交信息服务。

《2008年陆路交通总体规划》全面审视了《1996年白皮书》的交通策略和实施效果，重新评估并提出了以下三大策略[4]：

（1）公交为优选。提供一体化的公交服务，保证常规公交和地铁系统的接驳，并统一票制；实行公交优先；继续推进地铁系统的建设；缩短给予公交公司的运营年限，提高竞争性；提升公交服务水平和安全性。

（2）有效地管理道路使用。提高电子拥堵收费系统的效率；控制车辆保有量的增长速度；降低停车位的供给；适度扩展道路网；采取智能化手段提高通行效率。

（3）满足不同群体的需求。保障老年人和残障人士的可达性；采用低收入群体可接受的公交价格；建设自行车系统；推进环境可持续发展；保障公众参与。

《2013年陆路交通总体规划》继续坚持以人为本的交通理念，全面提升交通服务水平。这一目标涵盖了以下四个方面的内容[5]：

（1）更多的可达性。扩展地铁、公交、自行车和步行道系统；提供更方便的公共交通换乘；建设有盖的步行廊道和自行车道。

（2）更好的交通服务。提高公共交通的容量、可靠性，并通过错峰出行措施降低高峰小时的交通量；提供更多的选择如出租车、汽车共享；提供实时的交通信息服务。

（3）建设宜居包容的社区。为老年人和残障人士提供无障碍设施；推进环境友好的可持续交通发展；降低交通噪声水平；保障城市的开放空间。

（4）降低对小汽车的依赖。坚持实施车辆保有控制的拥车证制度和电子拥堵收费政策，包括建设无闸门的电子拥堵收费系统 ERP2，提升拥堵管理的效率和扩展其范围。

总体来讲，强化公交优先、对车辆的保有和使用的需求管理政策是新加坡陆路交通管理局长期以来一直坚持的政策。这也是新加坡有限的土地和高密度的人口所带来的必然要求，这一政策随着时间的推移不断地强化，保证了城市公共交通的快速发展、公交分担率的提高以及交通拥堵的缓解。另一方面，经济社会的不断发展，也对交通提出了更进一步的要求，比如满足不同群体的需要，方便行人和自行车使用者，使环境可持续发展。这些在20世纪90年代并未进入白皮书的内容，在21世纪已经成为交通总体规划中的重要部分。

第二节 新加坡的交通规划发展历程及其经验总结

1. 交通规划的编制和实施

新加坡陆路交通管理局全面负责对陆路交通的规划、发展、实施和管理，根据城市交通发展理念提出综合的策略和措施，并且在一个部门内通过垂直的机构设置来促进各项政策措施的统一落实。新加坡陆路交通规划的总体目标是提供更加健康、绿色、一体化、可持续的陆路交通系统，以满足城市发展中不同年龄层人群的不同需要等。

到目前为止，新加坡陆路交通管理局有三期陆路交通总体规划，分别为《1996年白皮书》《2008年陆路交通总体规划》《2013年陆路交通总体规划》，该规划之后将每五年修编一次。陆路交通总体规划主要提出未来15～20年交通发展的目标、主要政策以及实施计划。例如，在《2013年的陆路交通总体规划》中，提出的目标为：到2030年，80%的家庭居住在离地铁站10min步行距离范围内；85%的公交出行时间少于60min；高峰时段公交分担率超过75%。

在实施过程中，所有的交通基础设施（如道路、地铁系统、公交场站等）都由政府投资建设，不需要融资，政府也不收回建设成本，建成之后公共交通由许可的运营商（运营商都是多元企业，同时营运地铁、公交、出租车等），在严格的监管下营运，公共交通票价由公共交通理事会监管，运营商自负盈亏（2016年前）。在交通与土地一体化开发过程中，通过"发展控制"（development control）的手段来保障规划要求的实施，即多部门联合（包括陆路交通管理局）对开发项目进行相应的管制和审批[6][7]。

2. 交通规划与城市规划（概念规划）、土地规划等相关规划的关系及协调机制

在新加坡，陆路交通总体规划和城市规划的相互配合是新加坡交通成功的关键因素之一。新加坡的城市规划分为两个层次，概念规划和总体规划，其中概念规划类似于中国的总规，而总体规划类似于中国的控详规。图2-1所示为新加坡城市规划体系[7][8]。

1）概念规划

规划年限40～50年，每10年修编一次。概念规划的目的是为满足远景规划人口和经

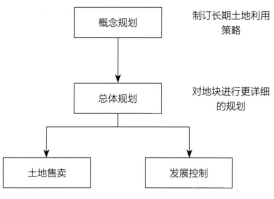

图2-1 新加坡城市规划体系

济的需求留出足够的土地。概念规划需要平衡各方面的需要，比如居住、工业、交通、环境等。编制和修编概念规划的时候，相关的部门都会参与，以确保概念规划满足、平衡各方的需求。这样使得各方面相互协调，比如组屋和公共交通的相互配合。

2）总体规划

规划年限10~15年，每5年修编一次。目的是将宏观的概念规划细化为具体的规划，以规范城市地块的开发。同样，总体规划的编制和修编要求各个部门协作，由总规委员会（各部门代表共同组成）领导开展工作，包括城市重建局、陆路交通管理局、土地局、建屋局等。总体规划需要给出各个地块的用地性质和容积率。新加坡的地块分割相对较小，一般2~4hm²左右。

3）规划实施

新加坡的规划实施主要通过卖地（Government Land Sales，GLS）和发展控制（Development Control）两方面来保障规划的落地。

每一个地块售卖之前，要做详细的规划和投标文件，比如容积率（上限）、用地性质及其他要求等。这些要求也可能来自别的部门，如地铁站周边的地块卖之前，陆路交通管理局会结合地铁站的规划要求对相应地块的开发提出要求，比如出入口数量、位置、公交车站的衔接等。换言之，这个投标文件要求是各个部门间相互协调，最后达成一致的成果。开发商需遵循该投标文件进行地块开发。完成售卖后，政府通过"发展控制"来对地块开发进行管理和审批，审批满足要求后开发商才能开始建设，验收完成后方可投入运营。

新加坡的陆路交通规划和城市规划的协调主要在两个层面。首先，在概念规划和总体规划层面，陆路交通管理局参与概念规划和总体规划的制定，并提出相应的要求和意见，这使得城市土地利用规划能够考虑交通的需求；城市规划为交通基础设施如地铁线路预留用地，以减少可能面临的用地矛盾（若有少数情况土地已被利用，则政府依法以市价进行征收，保障交通设施的用地）；在商业密集和高密度住宅区规划公共交通的基础设施；在公交枢纽周边规划较高密度的开发，推进TOD模式。

在具体的实施层面，公交枢纽周边的地块售卖前，陆路交通管理局在相应的投标文件中纳入要求，比如预留的地铁出入口、24小时通道，空调公交换乘站，无缝衔接需求等；同时在"发展控制"的审批环节中，陆路交通管理局也会对相应的交通要求进行审批，以保障陆路交通规划的实施。

以位于新加坡城市CBD核心区的Raffles Place站、Cross Street站以及裕廊工业区的区域车站Jurong East站为例，在地铁站周边地块的总体规划中，即按照TOD的理念在该站点周边有部分商业及办公区，提供就业和商业（图2-2）。同时，陆路交通

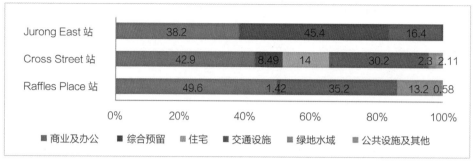

图2-2　地铁站周边250m半径范围内用地规划结构

图2-3　地铁站与周边建筑物的空中通道

管理局在制定地铁沿线站点的同时，规划站点周边的巴士站、出租车站的位置，保障交通方式间的换乘连接。

　　在具体的地块售卖前，陆路交通管理局会就地铁站的出入口数量、位置要求和城市重建局沟通，确保地铁站与周边建筑的连接（图2-3）；城市重建局会将这些交通设施衔接要求写进地块售卖的标书，在这些要求建设完成、审批合格后开发商才能开始运营，由此保障规划要求得到实施。

3. 交通规划主要理念、原则及其在规划方案中的体现

　　结合新加坡三次陆路交通总体规划来看，新加坡交通规划的主要理念和原则包括以下几个方面。

图2-4 建筑物与地铁站24小时打开的通道

图2-5 业主为达到停车要求在楼内增加的机械化停车位供给

1）交通与土地利用规划的一体化

如前所述，从规划流程到规划的具体实施，一体化的交通和土地利用规划是新加坡交通成功的关键。具体来说，城市交通系统和土地开发互动密切，相互协调；在高密度商业区和住宅区规划公共交通系统；在公交枢纽如地铁站周边推进TOD开发模式；在地块开发时通过发展控制实现规划目标，如停车位需求、地铁出入口等。

例如，Dhoby Ghaut 地铁站是新加坡首个尝试采用TOD开发模式的项目，由陆路交通管理局和城市重建局组成的特别小组推进，在项目开发的招标文件中加入了与地铁站无缝衔接的要求，图2-4显示了建筑物与地铁站24小时保持打开的通道，方便出行者出入地铁站。业主在寻求用地性质变更时（如变更为商业用地），除了需要得到城市重建局的许可，也需要满足交通发展的要求，如保证停车位的供给等。图2-5即显示业主为了增加停车位供给达到停车要求，在楼内修建停车设施。

2）以人为本的交通理念

从2008年陆路交通总体规划开始，新加坡提出了以人为本的交通理念，将城市交通系统的功能从原先的交通功能扩展到服务社会的功能。城市交通系统需要满足不同人群的需求，如提高老年人和残障人士的可达性，保证低收入群体可支付的公交；在规划中考虑环境友好的可持续发展，减低城市交通噪声；建设有盖的风雨廊道系统、连接公园和绿地的自行车道系统；交通规划和实施过程中保障公众参与等。

下面给出一些在实际规划和建设中的例子：老年人和残疾人可以享受低价乘坐公交（图2-6）；在公交、地铁站点，均设有残障人士通行的无障碍通道（图2-7）；有盖风雨廊道将车站与建筑连接起来，提供更舒适的步行路线（图2-8）；连接公园和绿地的绿道系统，方便居民健身和休闲（图2-9）。

3）公交优先

公共交通是新加坡这样一个土地资源稀缺、人口密度高的城市的必然选择，新加坡的交通规划中也长期以来一直秉持公交优先的理念，不断提升公交服务水平。

图2-6　老年人和残障人士可以享受更低的公交乘车折扣

图2-7　公交站点的无障碍通道

图2-8　连接地铁站与公交站的有盖风雨廊道

图2-9　连接公园的沿河自行车道

图2-10　新加坡的公交专用道

图2-11　公交车站附近路口的公交信号灯

例如，建设公交专用道，在交叉口公交信号优先，提供实时的公交信息服务，建设从建筑物到公交车站的有盖廊道等。

　　下面给出一些公交优先在具体规划中的案例：图2-10显示了新加坡的公交专用道，新加坡的公交车上都装有摄像头，以实现对违章进入公交专用道的车辆进行抓拍。图2-11显示了一个公交站点附近路口的公交信号灯。图2-12显示的是地铁站周边的公交换乘枢纽，有空调的公交换乘站为出行者提供了舒适有序的候车环

图2-12　有空调的公交换乘站

图2-13　新加坡ERP系统闸门

境，目前已建成8个。预计在未来，新加坡政府将继续投资建设类似有空调的公交换乘站，最终将超过13个。

4）坚持交通需求管理，降低对小汽车的依赖

对车辆的保有和使用控制政策也是新加坡政府长期以来坚持的理念和原则。车辆配额管理和拥车证制度大大减少了车辆保有量的增长速度；而电子拥堵收费政策也有效避免或缓解了交通拥堵，并促使出行者由私人小汽车转向公共交通出行。

新加坡是世界上第一个实施拥堵收费制度的国家（1975年）。1998年新加坡开始全面使用电子拥堵收费系统，以提高效率。当车辆通过装有短波无线电发射器的收费闸门（图2-13）进入拥堵收费的地区时，安装在汽车前端的读卡器可与电子拥堵收费系统进行信息交换，然后在车主插入的现金卡/银行卡里实时自动扣款，收费交易如果失败将启动自动抓拍系统，车主也将受到处罚。拥堵收费是根据不同的车型和路段的交通拥堵状况，每3个月调整费率，小汽车收费大概在1~6新元之间，只有紧急车辆免收拥堵费，从而保证市内交通较为通畅。ERP系统所有收入交给国库统一支配。

第三节　新加坡交通建设经验

1. 轨道交通建设历程

新加坡1982年开始建设第一条地铁（南北线），1987年开始投入运营。目前，新加坡有5条主要地铁线路（MRT），共200km，此外有3条轻轨（LRT）线路，共28.8km，以及2.1km的圣淘沙单轨快线（Sentosa Express Monorail）。表2-1反映了近十年新加坡轨道交通的建设情况。

近十年新加坡轨道交通里程[9]			表2-1
	地铁（km）	轻轨（km）	总计（km）
2005年	109.4	28.8	138.2
2006年	109.4	28.8	138.2
2007年	109.4	28.8	138.2
2008年	109.4	28.8	138.2
2009年	118.9	28.8	147.7
2010年	129.9	28.8	158.7
2011年	146.5	28.8	175.3
2012年	148.9	28.8	177.7
2013年	153.2	28.8	182.0
2014年	154.2	28.8	183.0
2015年	170.8	28.8	196.6
2016年	170.8	28.8	196.6
2017年	199.6	28.8	228.4

　　图2-14所示是当前新加坡的轨道网络，五条地铁线路分别为南北线、东西线、东北线、环线、市区线，表2-2显示了五条线路的车站数以及运营时间。新加坡的轨道交通由政府投资，建成后交由多元公共交通企业运营，在运营过程中，地铁运营商自负盈亏。当前共有两家地铁运营商，都是上市企业，一家为SMRT（2016年私有化），另一家为SBS Transit。

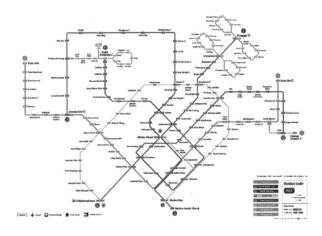

图2-14　新加坡轨道交通网络[9]

新加坡五条地铁线路[9]			表2-2
	运营时间	车站数	运营商
南北	1987年	26	SMRT
东西	1987年	35	SMRT
东北	2003年	16	SBS Transit
环线	2009年	30	SMRT
市区线	2013年	34	SBS Transit

2. 城市路网建设历程

表2-3反映了近十年新加坡的城市道路建设情况。可以看到，近十年城市道路增长有限，仅从3325km增加到了3500km。这一方面是由于新加坡土地稀缺，没有富余的土地资源来建设道路；另一方面，新加坡政府长期以来的理念是优先发展公共交通，减少对小汽车的依赖，因此城市道路的建设让位于公共交通的建设。

新加坡历年道路长度（km）[9] 表2-3

年份	快速路	主干路	次干路	社区道路	合计
2008年	161	621	500	2043	3325
2009年	161	627	521	2046	3355
2010年	161	627	521	2047	3356
2011年	161	645	557	2048	3411
2012年	161	652	561	2051	3425
2013年	164	662	571	2055	3452
2014年	164	698	578	2055	3495
2015年	164	699	580	2057	3500
2016年	164	704	585	2059	3512
2017年	164	704	576	2056	3500

新加坡当前共有10条快速路（expressway），其中一条（CTE）部分穿过市中心地下，以减少快速路对城市的分割。一条新的快速路在建（NSE），预计2020年后完工（表2-4）。此外，新加坡还对已有的快速路进行一些改造。图2-15显示了新加坡当前的快速路网络。

新加坡的快速路系统[9] 表2-4

快速路	开通时间	里程（km）
PIE	1966年	42.8
AYE	1989年	26.5
NSE	2020年（预计）	21.5
ECP	1974年	20
CTE	1989年	15.8
TPE	1989年	14
KPE	2008年	12
SLE	1990年	10.8
BKE	1986年	10

续表

快速路	开通时间	里程（km）
KJE	1994年	8
MCE	2013年	5

新加坡在1980年代规划了市中心地下的15km环路系统（SURS），并在1990年代预留环路系统走廊用地，原先的目的是在未来提升40%市区道路网的容量。这个计划2017年在"少用车"的理念和高公交使用率的背景下取消了，体现了新加坡落实公交优先和需求管理的政策力度（图2-16）。

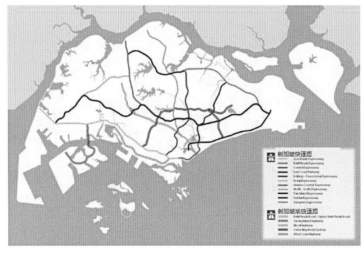

图2-15　新加坡的快速路网络[9]

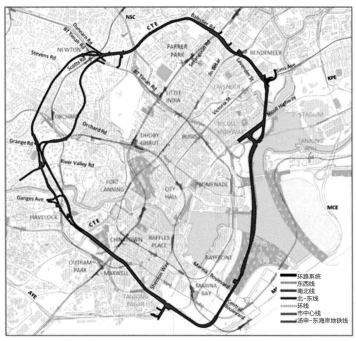

图2-16　新加坡2017年取消了市中心地下规划的环路网[9]

3. 常规公共交通发展历程

常规公交也是新加坡公共交通的重要组成部分。新加坡当前有超过5000辆公交车和超过400条公交线路，由4家运营商（SBS Transi，SMRT Buses，Tower Transit和 GoAhead）运营，其中后两个是通过国际招标引进的英国公交企业。新加坡公共交通系统以轨道交通为骨干、常规公共为支撑、出租汽车为补充，共同构成高效的一体化公共交通网络。轨道交通服务于中长距离的出行，连接新镇和主城区，而常规公交服务于中短距离出行，以及接驳轨道站点。不同交通方式相互补充，衔接顺畅，协调发展，按距离收费，一票到底。表2-5反映了新加坡公共交通近十年的日均运量情况。

同时，新加坡政府强有力地推进公交优先，包括建设公交专用道、交叉口公交信号优先，提高常规公交的运行速度和可靠度；在公交车站提供实时的公交信息服务，提供有盖的步行廊道连接建筑物与公交车站，建设新型一体化的空调公交换乘枢纽，为候车乘客提供更加宽敞、舒适、带有空调的室内候车环境。

2005～2016年新加坡公共交通日均运量（千人次）[9]　　　表2-5

年份	大众捷运系统	城市轻轨系统	公共汽车系统
2005年	1321	69	2779
2006年	1408	74	2833
2007年	1527	79	2932
2008年	1698	88	3087
2009年	1782	90	3047
2010年	2069	100	3199
2011年	2295	111	3385
2012年	2525	124	3481
2013年	2623	132	3601
2014年	2762	137	3751
2015年	2879	153	3891
2016年	3095	180	3939
2017年	3122	190	3952

4. 智能交通建设历程

新加坡智能交通系统又称为i-transport系统，是一个整合了交通监控、管理和服务的功能平台，包括了绿波协调信号系统、快速路监控和信息系统、交叉口监控系统、卫星扫描系统、停车诱导系统、信息网络等子系统。

1）智能交通系统中心

智能交通系统中心（ITS Center）隶属于陆路交通管理局，全权管理智能交通系统，包括10条快速公路，两千多个交通灯控制路口和隧道，以及交通灯的维修、保养与提升。通过智能交通系统控制平台（i-transport），全方位、全天候实时管理与监控全岛交通，i-transport把所有的智能交通系统整合起来，使控制人员可以利用单一界面对交通进行监控与管理。

2）绿波协调信号系统

绿波协调信号系统（GLIDE System）是信号灯全动态电脑控制系统，它能自动运行，以车流量的变化来调整绿信比，进行最优化选择。这个控制模式的优点是单个路口的控制器能及时地与控制中心、区域电脑以及周边路口的控制器取得联系。通过协调周期时间和相位差进行路口串联，形成绿波效应。同时，对于交通流量较小的路口，通过车辆感应器，把延误和停顿减至最低。对交通比较拥挤的地方，则调整和均衡每个相位的延误和停顿时间。绿波协调信号系统具有自动警报功能，例如自动显示信号灯、通信线路以及数据故障等。即时的观察和控制能减少故障发生次数和缩短故障持续时间，从而减少交通阻塞和后续事故的发生，以提高公路的使用率和安全度。

3）快速路检测与信息系统

快速路检测与信息系统（EMAS）是智能型的快速路管理系统，用来控制和管理快速路的交通状况，通过可变信息板显示交通信息和到达目的地的时间，把快速路的交通情况预先通知给所有的驾车人以引导他们调整行程路线避开拥堵或者事故路段，并提供及时、准确的交通信息。该系统有自动监测事故发生功能，有效地缩短了交通事故的发现时间，同时还有自动启动快速拖车和救援应急机制，提高了事故处理效率，缓解了事故带来的交通拥堵，并提高了交通安全水平，避免二次事故的发生。

4）卫星扫描交通系统

卫星扫描交通系统（TrafficScan）通过超过一万辆出租车的卫星定位系统计算主干道的平均车速。它是以出租车的车速作为基数，通过计程车在不同时间的位置，来计算出租车的平均车速，从而计算干道的平均车速。出租车的车速同时也为计算快速路的车速提供数据。公众可以通过陆路交通管理局的平台查询实时车速信息。

5）交通资讯网络

交通资讯网络（Traffic.Smart）是i-transport系统重要的一环，由智能交通系统收集实时交通信息，包括车速、交通量以及交通事故等，经过处理，储存，再通过网站发布给公众。驾车人士在出发前可以通过平台获得实时交通信息和主要交通节点的交通状况视频，从而规划自身的行程。

参考文献

［1］Land Transport Authority. A World Class Land Transport System（White Paper）［Z］，1996.

［2］王晓辉，李静，王琦，郑惠兰. 新加坡交通管理政策现状与综述［J］. 城市建设理论研究，2014（11）.

［3］Loh Chow Kuang，罗兆广. 新加坡交通需求管理的关键策略与特色［J］. 城市交通，2009，7（6）：33-38.

［4］Land Transport Authority. Land Transport Master Plan 2008［Z］，2008.

［5］Land Transport Authority. Land Transport Master Plan 2013［Z］，2013.

［6］Mohinder Singh. 新加坡陆路交通系统发展策略［J］. 城市交通，2009，7（6）：39-44.

［7］黄继英，黄琪芸. 新加坡城市规划体系与特点［J］. 城市交通，2009，7（6）：45-49.

［8］姜军. 新加坡陆路交通规划编制的经验借鉴［J］. 江苏城市规划，2015（2）：44-47.

［9］新加坡陆路交通管理局网站 https://www.lta.gov.sg/content/ltaweb/en.html.

第三章　新加坡交通管理发展历程、政策演变及经验

第一节　新加坡交通管理发展历程

1. 综合交通管理体制变迁

新加坡于1965年建国，当时交通规划管理权限分属不同政府部门，管理较为复杂，部门间协调难度较大。为更好地解决城市交通问题，新加坡政府认识到必须建立一体化的交通规划管理体系，于1995年合并道路署、地铁局、车辆注册局与陆路交通司，成立陆路交通管理局，主管全国陆路交通的发展。

陆路交通管理局的职责是：制定陆路交通政策（表3-1）；制订与土地使用相结合的陆路交通规划；规划、设计及建造地铁与道路的基础设施；管理公路交通、维护公路设施；提升公共交通；监管公共交通行业（包括地铁、公共汽车、出租车）；监管车辆注册、执照及税务；集中规划公共汽车路线，管理公共汽车服务外包，停车管理等。其使命是提供更加健康、绿色、一体化、可持续的陆路交通系统，以满足城市发展中不同社群的不同需要[1]。

目前，陆路交通管理局共有超过6000名官员，其中约3000名为专业技术官员。

新加坡不同时期交通政策及效果　　　　表3-1

发展时期及目标	年份	主要政策	效果
1970年代：提升道路交通和公交系统	1970年	建立道路运输行动委员会（RTAC）	应对交通拥堵问题
		引入柴油税	规范出租车市场
		制定到1992年的新加坡陆路交通总体规划	确立中长期交通一体化发展规划
	1971年	"新加坡重组公共汽车服务"白皮书	规范公交市场，提高公交服务水平

续表

发展时期及目标	年份	主要政策	效果
1970年代：提升道路交通和公交系统	1975年	"入域许可证"制（ALS）	减少了高峰期进入中心商务区的车辆数量
		停车换乘（P+R）制	鼓励市民采用停车换乘方式
1980年代：建立轨道交通体系	1982年	批准建设地铁（MRT）	开始建设地铁系统
	1987年	成立公共交通委员会（PTC）	规范公交服务及费率
1990～2000年代：控制机动车总量	1990年	车辆配额制（VQS），拍卖拥车证（COE）	有效限制机动车快速增长趋势
		推出非高峰时间用车计划（OPC）	在不增加道路拥堵的压力下，满足人民的拥车欲望
	1995年	快速路收费计划（RPS）	管理快速路拥堵
	1998年	建成道路拥堵电子收费系统（ERP），同时所有车辆减免税收	有效管理道路拥堵，取代人工收费ALS系统，提高收费效率
	1999年	轻轨环线（LRT）启用	替代支线公共汽车快速接驳地铁站，提高新镇公共交通效率
	2000年	环保车型税收减免	鼓励购买小排量环保机动车
	2003年	设立出租车服务质量标准	进一步规范出租车服务
	2007年	启动全天公交专用道	提高公交车运行效率
	2010年	修订非高峰时间用车计划	非高峰时间用车更为便利

资料来源：http://www.lta.gov.sg/content/ltaweb/en/about-lta/our-history.html.

新加坡城市规划主要分为三个时期（表3-2）：

第一个时期为1819年至二战前，新加坡作为英国的殖民地，几乎没有规划体系可言，1887年颁布第一部关于市政建设的《市政法令》。

第二个时期是二战后至1989年，基本形成了初步的城市规划体系，为《规划法令》、各种条例和职能部门共同管制时期。1959年新加坡正式颁布了《规划法令》，同时建立了规划局取代新加坡改善计划管理机构（Singapore Improvement Trust，SIT）。1990年设立市区重建局。

第三个时期是1990年至今，为体系化管制时期。1990年制定的规划法主要包括相关概念制定与规划机构设置、总体规划编制和报批程序、开发控制规定（即所有活动都要获得开发许可证）和开发费的核定与征收四个部分。主干法即为《规划法令（1990年）》，从属法规包括《总规编制内容和报批程序》《开发申请规划条例与实施细则（1981年）》《用途分类的规划条例（1981年）》《关于开发授权的规划通告（1963年）》和《关于开发费的规划条例（1989年）》。

新加坡不同时期城市建设相关政策 [2][3] 表3-2

发展时期	年份	主要政策
1819年至二战：殖民地时期	1887年	颁布《市政法令》
	1927年	颁布《新加坡改善法令》
二战后至1989年：城市规划体系初步形成时期	1955年	颁布《土地征用法令暂行条款》
	1959年	颁布《规划法令》
		建立规划局
	1960年	引入组屋政策
		成立建屋发展局（HDB）
	1966年	成立市区重建署（URD）
	1971年	发布第一版概念规划，提出一系列新镇建设计划
	1974年	成立隶属国家发展部的市区重建局（URA）
1990年起：体系化管理时期	1990年	颁布主干法《规划法令（1990年）》，从属法规包括《总规编制内容和报批程序》《开发申请规划条例与实施细则（1981年）》《用途分类的规划条例（1981年）》《关于开发授权的规划通告（1963年）》和《关于开发费的规划条例（1989年）》
		市区重建局与原规划署合并

2. 公共交通系统管理体制发展历程

因小型运营商居多、缺乏协调、网络低效等因素，20世纪60年代的公共汽车服务可谓可靠度低、服务质量差；而出租车行业则因管理不到位，个体业主混乱，导致服务水平低下，且存在霸王车等现象。1970年代开始，新加坡公共交通行业开始改革，经历了政府主导合并、派遣官员、市场竞争、绩效比较等多阶段，最终于2003年发展成为竞争与监管并存的多模式运营商形式。

举例来说，2016年前新加坡的两个轨道交通运营商均采用公共汽车与轨道交通联合运营模式，完全市场化竞争，盈亏自负，政府不再过多干预运营事务，而是设立一套严格的评价指标，对服务运作及车辆情况等定期进行审查和评估，从宏观层面对公共交通系统进行总体调控。

1）自由发展时期——政府管制失效

在英国殖民统治时期，有轨电车于1905年开始运营。1925年成立的新加坡动力公司（STC）接管了有轨电车运营业务，成为主要的公共交通运营公司，而政府很少关注公交事务。在郊区，有一些个体户经营很多零散的公交业务，后来逐渐发展为10家由华人运营的大小型公交公司。二战以后，新加坡公交线路不断增加。1965年新加坡独立时，既有的公交服务严重滞后于经济社会发展需求。

2）优化调整时期——政府强力干预

20世纪70年代初，新加坡有11家公交公司经营117条线路。每家公司服务于不同区域，没有任何票价、路线或时间表的统一规定，公交服务质量非常落后。

由于认识到公交服务提高的重要性和私人小企业经营公交业务的困难，政府开始干预公交发展事务。1971年政府制定了"新加坡重组公共汽车服务"白皮书，强制性地将10家大小型公交公司合并成为3家大公司。1973年，随着新加坡动力公司的倒闭，政府进一步将这3家公司整合，成立了新加坡公共汽车公司（SBS），同时选派政府官员介入管理层以克服管理障碍，并努力改善公交服务和财政状况。新加坡公共汽车公司于1978年在新加坡证券交易所上市。1982年，第2家公共汽车运营公司（Trans Island Bus Service，TIBS）成立，以促进市场竞争。1987年，第1家城市轨道交通公司（Singapore Mass Rapid Transit，SMRT）开始运营。

3）协调发展时期——政府适度宏观调控

2001年，受"公共汽车—轨道交通联合运输"模式的启发，城市轨道交通公司收购了公共汽车运营公司的公交运营业务，成立了城市轨道交通公共汽车公司，成为城市轨道交通公司的下属公司，同时也是第一家多式联运公共交通公司，2003年新加坡公共汽车（SBS）公司也开始经营轨道交通运营业务，并改名为SBS Transit公司。新加坡的城市公交运营由此走上了市场化道路，政府不再过多干预运营事务，而是给予总体上的宏观调控。

新加坡的出租车行业也经历了相似的过程，经历改革，形成多运营商竞争、政府监管的健康的行业发展模式，如图3-1所示。

3. 机动车拥有和使用管理发展历程

随着人们收入的增长，买车的人不断增多，导致道路交通拥堵。市民既抱怨政府车税高，又抱怨因堵车而造成的出行不便。政府不断新修道路，但还是跟不上车辆增长的需要，中央商务区的交通状况更加糟糕。1975～1989年，政府出台"区域许可证"（ALS）制度，规定：除非车上有4人，否则对进入限制区域（Restricted

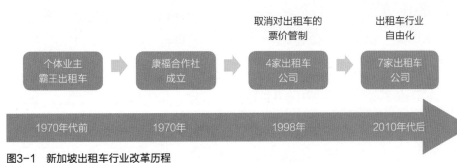

图3-1　新加坡出租车行业改革历程

Zone）的车辆必须付费购买"区域通行证"，这样就使进入中央商业区的车辆大量减少，缓解了交通压力（图3-2）。

　　除了通过控制机动车的使用，新加坡政府还通过控制机动车的数量来解决道路拥挤问题。为避免机动车的无序增长，新加坡政府自1990年开始，采用车辆配额制度，每年根据允许机动车净增长率以及预计到期的车牌数量，确定新注册机动车的配额，每月投放一定数量由市民通过竞拍的方式获得。随着新加坡机动车数量的不断增长，陆路交通管理局也在不断降低每年允许机动车净增长率。

　　表3-3所示为历年机动车竞拍配额数量。

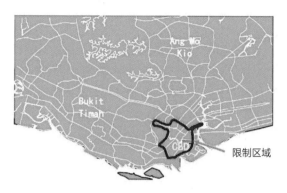

图3-2　新加坡入域许可证制度限制区域示意图

新加坡历年机动车配额数量[1]　　　　　表3-3

年份	配额	年份	配额
1990年	36152	2003年	118693
1991年	47072	2004年	134164
1992年	58817	2005年	144749
1993年	136852	2006年	139647
1994年	64305	2007年	125353
1995年	47975	2008年	110354
1996年	43188	2009年	77207
1997年	43977	2010年	35777
1998年	47617	2011年	44692
1999年	62192	2012年	41511
2000年	108472	2013年	40088
2001年	89291	2014年	44450
2002年	99136	2015年	77524

资料来源：http://www.lta.gov.sg/content/ltaweb/en/publications-and-research.html.
注：1990~1999年统计时间为当年1月至12月，2000~2009年统计时间为当年5月至次年4月，2010年统计时间为当年5月至次年1月，2011年起统计时间为当年2月至次年1月。

　　1998年起，受限通行的时间和范围扩大，道路繁忙时进入中央商务区和使用快速路的车辆采用道路电子拥堵收费系统。为了此项政策顺利实施，政府免费为当时所有的车主安装车内读卡器，同时降低了路税和附加注册费，并提升公交服务作为驾车人士的替代出行方式。ERP闸门从最初的33个，逐年增加到现在的78个。为了有效管理交通拥挤，合理引导车流，1998年9月起，ERP收费政策开始在东海岸快速路、中央快速路、泛岛快速路等地区全面实施。

4. 经验总结

1996年，新加坡政府颁布了《交通发展白皮书——建设世界一流的陆路交通系统》，提出了新加坡建设世界级交通系统的愿景。白皮书中指出，世界级陆路交通系统应当保证对于大多数新加坡人来说足够便捷、舒适、安全、快速、可达性好且价格合理，必须满足一个动态成长的城市中市民不断增长的交通需求以及对交通系统服务水平更高的期待。为此，白皮书中提出了四项基本策略：土地利用与交通发展的一体化规划、优先发展公共交通、交通需求管理、路网建设与提高通行能力，进一步明确了"推、拉"策略在城市交通发展中的战略指导地位。同时指出，要实现远期公共交通出行比例达到75%的目标，努力做到人口增长和经济发展不受制于有限的空间和资源。

表3-4总结了新加坡交通管理政策。从这些交通管理政策措施可以明显看出，新加坡的交通发展政策紧紧抓住了两个关键：第一是"推（Push）"，减少机动车的保有和使用；第二是"拉（Pull）"，提高公共交通的吸引力和分担率。双管齐下，有效地解决了新加坡的交通问题。

新加坡前瞻性的交通发展战略和政策、不断完善的交通基础设施、适时的交通需求管理措施、有力的公共交通优先对策、有计划的土地供给和城市扩张政策，实现了建设世界一流交通的目标。尽管新加坡在国情和自然地理条件上有一定的特殊性，但新加坡交通发展规划和管理的先进理念无疑值得我们认真学习和借鉴。

新加坡交通管理政策一览表[1]　　　　　　表3-4

	政策措施	政策发展基本情况
直接交通管理政策	1. 发达的公共交通网络	目前新加坡有4家公交公司，共拥有5000辆公交车，运营超过400条公交线路
	2. 高品质的公交装备	100%的公交车装有空调，并安装较宽车门，设计较低底盘，可以水平上下客，提高上下车速度，安全和方便轮椅使用者
	3. 公交专用道	新加坡设置公交专用道的标准是：道路上至少每个方向有3个车道。全天公交专用道单方向每小时至少有100辆公交车通过，每天从早上7点半到晚上11点运行。高峰期公交专用道单方向每小时至少有40辆公交车使用，每天早晚高峰期各运行约2~2.5h。其余时间可允许社会车辆通行

续表

	政策措施	政策发展基本情况
直接交通管理政策	4. 交叉口公交车优先	交通灯专设公交信号灯，让公交车比社会车辆提前约10s通过交叉口
	5. 一体化换乘设施建设	新加坡大力推崇"门对门"交通和"无缝衔接"交通服务，使不同交通工具的换乘距离控制在合理步行范围之内
	6. 有盖廊道	新加坡在全国建立了一套有盖走廊步行系统，直接从居住区内部延伸至附近公交车/地铁站，为市民乘坐公共交通提供了全天候方便
	7. 实时公交信息服务	政府整合公共交通的信息资源，通过多种渠道提供所有的公交车和轨道交通线路信息，并在主要的公交车站设置实时到站信息板，在手机和网上提供电子版本。公交服务信息在所有轨道交通车辆和公交车上发布
	8. 利用高科技管理公路的使用	全新加坡2,000多个路口全部由绿波协调系统管理和控制，并有快速路检测与信息系统进行实施状态处理，监控交通状况，提供及时信息，调度救援服务，减少塞车
	9. 监控信息系统	交通资讯网络（Traffic.Smart）进行实时信息传播
	10. 停车位信息系统	显示停车场的可用车位，协助驾车人士就近停车，减少找寻停车位造成的阻塞
	11. 区域行车执照	通过行政和经济等手段，抑制商业中心区车辆的使用
	12. 电子拥堵收费系统	自1998年建立以来，该制度已经成为调节公路交通需求的直接手段
	13. 周末小汽车使用政策	从1991年开始，新加坡就要求周末小汽车出行必须出示单日通行证；1994年该制度被"非高峰期出行管理制度"代替
车辆保有量管理控制政策	14. 税务和附加注册费	关税（20%），附加注册费（≥100%），路税，燃油税等，这类政策手段灵活，工具先进，符合现代宏观调控思想
	15. 车辆配额政策（拥车证）	1990年推行，是典型的行政干预政策，目的是有效控制车辆保有量
基础设施发展和土地利用政策	16. 公共交通现代化	新加坡在1970年代重组、扩展和更新了公交服务；1980年代投资建设了城市轨道交通系统；1990年代后开始对公共交通收费制度进行改革，确保公共交通可支付
	17. 扩充道路通行能力	建国初期开始大力建设了全国快速路网络；在商业中心区外修建了环城公路，并以辐射型干线与之相连
	18. 城镇配套发展策略	新加坡政府调整了城市的建设方向和发展布局，在大都市内建了相对独立的、有完善生活服务设施的城镇，减少居民出行的距离

续表

	政策措施	政策发展基本情况
基础设施发展和土地利用政策	19. 城市绿色廊道	用绿色廊道把主要公园、自然保护区、天然绿地、主要景点等串联起来，在绿道和道路交界处，设置行人过道、天桥、隧道、斑马线等交通安全设施，在绿道内广植植物，设置便民设施和指引牌，引导居民进行绿色出行
社区参与政策	20. 交通政策的宣传推广	建设"以人为本"的交通系统，社区的参与极为重要（社区活动、与居民座谈、传单、展览、参观工地等）
其他交通相关政策	21. 车辆定期检查保养制度	目的是改善车辆行驶中的技术状况，减少能源消耗，降低交通事故和排放污染
	22. 车辆道路税收	依据发动机功率征收累进式路税
	23. 加快淘汰旧车计划	1975年开始对提前注销机动车给予特别附加注册费回扣，加快旧机动车辆淘汰

第二节　不同阶段交通管理政策与措施的演变及其背景分析

面对不断增长的出行需求与有限的土地资源挑战，为建立以人为本的陆路交通系统，新加坡制定了三大交通发展策略：公交优先、车辆使用管理和满足不同社群的需求。

1. 公共交通管理措施的实施背景及演变

在"公交优先"的策略方面，新加坡政府通过集中规划巴士线路、扩展巴士优先计划、提供交通信息、扩展地铁网、交通与土地使用综合规划、按距离收费一票到底、综合性公共交通枢纽的建设、制定严格服务监管标准等手段，加强公共交通的一体化和提升吸引力。

20世纪70年代中期是新加坡公共交通发展的重大转变时期。新加坡公共汽车公司刚刚合并成立，没有能力立刻改善公交的运营情况，满足庞大的出行需求，于是政府便采取了一些权宜之计，其中有的成功，有的失败，但是公共交通系统在这一过程中得到了显著的改善。

1）公共交通辅助计划

1974年，公共交通辅助计划开始实施。当时很多中小学校的学生都乘坐私人经营的小型公共汽车上下学。由于上下学时间正好与社会交通的高峰期有一定的差异，这就给利用校车开展两种辅助公交服务提供了机会：①从居住区开往工业区；②从居住区开往市区。

这些校车允许使用新加坡公共汽车公司的公交线路，并可以在公交车站上下客。但是，校车只允许在首先完成运送学生的任务以后，并且在上下班高峰期才能开展此类辅助业务。这意味着，校车在上、下班高峰期可以各出行两次，校车的票价比普通新加坡公共汽车公司的便宜很多。当时约有800辆校车允许开展此业务（称为 Scheme B），大大减轻了新加坡公共汽车公司的压力。

此外，私营公共汽车及学校公共汽车运营商也可以与企业签协议，运送职工往返住家和指定的工作地点，收费由二者协商确定。这些车辆没有固定的运营时间限制，但是不允许其在公交车站载客，收取费用。

1974年，为弥补公交车辆不足，一些货运车辆也被允许搭载乘客，开展定点客运服务（Lorry Bus）。这些货运车辆只是进行了一些简单的改造，增加了凳子、台阶和车棚等简单设施，安全性和舒适性很差。后来，此类服务逐渐被取消了。

这些辅助服务在当时对于改善总体公共交通服务水平、满足市民出行需求起到了重要的作用，但2000年代后，随着政府提供的公共交通服务的改善，公交车队的逐步扩展，轨道交通网络的逐步完善，辅助公交计划已经萎缩，逐渐退出了历史的舞台。

2）公交"蓝箭"式服务

1975年，为吸引小汽车使用者尽量使用公共交通，高峰时段新加坡公共汽车公司在私人居住区直接将乘客送到市区，中途不停车，并采用单一票制，以获得快速直达服务（俗称"蓝箭"式服务）。另外，一些私人公司经营的装有空调的旅游公共汽车也开通了此类服务。这种服务只经营了数年，直至公交服务有所改善。

2. 车辆使用管理措施的实施背景及演变

为应对公众对低质量的公交服务和入域许可收费系统的抱怨，1975年新加坡政府在开始实行入域许可的同时，实施了车辆合乘和停车换乘计划。

1）车辆合乘

政策规定，只要同时乘坐达4人，即可免缴拥堵费，因此车辆合乘逐渐兴起。驾车人经常在公交车站附近搜寻3个合乘人员进入市中心区，重点地区的公交车站成了车辆合乘的主要客源地。车辆合乘有效减轻了早期公交运力的负担。最多的时候，在早高峰期的30~45min以内，车辆合乘能运送约2万名乘客，相当于180辆双层公交车的运力。

随着公共交通系统的服务能力得到大幅度的提升，车辆合乘逐渐衰退了。1989年，入域许可制度新规定，所有的车辆都要交纳拥挤收费，车辆合乘的优惠权被取消。

2）停车换乘

1975年起新加坡政府在市区边缘地区建设了15个停车场，设置约10000个停车位，收费十分优惠。同时，还开通了11条穿梭公共汽车线路，实行短距离快速接驳市区，规定这些公共汽车不能超载。这些措施的目的是吸引小汽车使用者在边缘地区停车和换乘公共交通前往中心城区。

由于市民使用停车换乘设施的需求不强烈，停车环境缺少荫凉又进一步降低了市民的使用意愿，外围停车场被挪作他用，货车、租赁车辆或者旅游车在此长期停放，而穿梭公共汽车也未被充分利用，停车换乘计划以失败告终。

第三节　新加坡交通规划与管理部门的协调机制与工作流程

1. 交通管理主体及分工

新加坡主管城市规划工作的是国家发展部。国家发展部下设城市重建局全权负责全国空间规划的编制与实施管理。城市重建局（URA）共有五个署各司其职，分为城市规划署、保护与城市设计署、发展管制署、土地行政署、企业发展与项目发展署。城市重建局下设总体规划委员会（MPC）和开发控制委员会（DCC）。总体规划委员会和开发控制委员会分别讨论政府部门的公共建设项目和非公共部门的重大开发项目。其结构如图3-3所示。

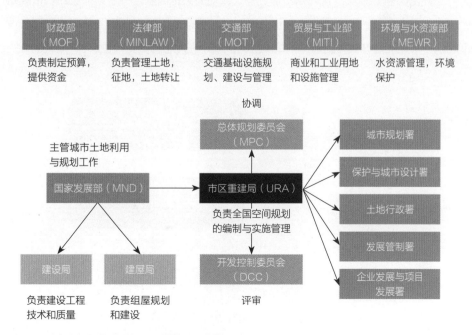

图3-3　城市发展相关政府机构及其分工一览图

（资料来源：http://app.sgdi.gov.sg/index.asp?cat=1.）

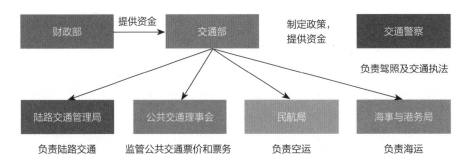

图3-4 新加坡交通管理主体及分工

（资料来源：http://www.mot.gov.sg. ）

在新加坡，由财政部向交通部拨付财政预算资金，交通部制定政策并为下属法定机构提供资金。其下属法定机构包括负责陆路交通的陆路交通管理局，负责监管公共交通票价及票务等的公共交通理事会（PTC），负责空运的民航局和负责海运的海事与港务局。相对中国和一些其他亚洲国家，新加坡交警部门的交通职能少很多。除了驾照考核与交通执法由交警负责外，陆路交通管理局和公共交通理事会共同承担全部城市交通政策、规划、建设和管理的职能。图3-4所示为新加坡交通管理主体及分工。

2. 新加坡城市规划协调机制

一体化长期土地/交通规划是新加坡模式成功的关键因素之一。新加坡的城市规划分为两个层次：概念规划和总体规划，详细内容见第一篇第二章第二节交通规划与城市规划、土地规划等相关规划的关系及协调机制，在此不再赘述（图3-5、图3-6）。

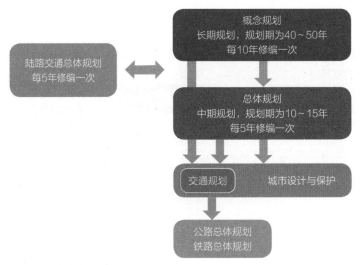

图3-5 新加坡规划流程

图3-6　新加坡概念规划修编委员会组成

3. 地铁站建设工作协调机制及工作流程

1）地铁站建设相关部门

（1）国家发展部：建设局（Building and Construction Authority，BCA）负责监管建设工程技术和质量；市区重建局，负责统筹城市用地控制。

（2）交通部：陆路交通管理局。负责地铁站规划、设计，工程招标和项目管理等。

（3）基础设施统筹部：新加坡增设了此部门，负责统筹基础设施建设。该部部长由交通部长兼任，确保各个部门间的协调工作顺利完成，不必上升到内阁讨论。

2）协调机制

设立总体规划委员会进行协调工作。市区重建局局长担任委员会主席，陆路交通管理局的总规划师是委员之一。多部门同时进行工作，以便实现土地与交通一体化规划发展。

（1）上层协调：部局之间根据城市交通总体规划方针对项目的实施进行协调，由各部门高层负责人负责沟通，沟通过程可能长达2～3年。

（2）下层协调：施工前，陆路交通管理局连同市区重建局主要负责确定地铁的位置、出入口数量等规划要求，以便在卖地之前设定招标条件，同时由陆路交通管理局负责上报预算及工程可行性研究。在这个阶段，各部门间工作人员几乎每天通过邮件、电话等形式沟通，几乎每周都会面商讨具体事宜。

3）地铁站从规划到建设流程

（1）概念规划和总体规划阶段：市区重建局与陆路交通管理局的规划部协同工作，确定概念规划和总体规划。原则上轨道交通站点周边会适当提高容积率。

（2）财政部审核通过概念规划方案，确保未来10年政府财政可以保证概念规划的实现。

（3）财政部立项决定建设轨道交通，此时陆路交通管理局连同市区重建局开始研究地铁站的位置、出入口等。原则上地铁站应尽量多设置出入口与私人建筑衔接；若地铁站开工前附近土地已经出售，并已经建设了私人建筑，则需要陆路交通管理局与开发商谈判确定出入口位置。

地铁站动工建设前，由陆路交通管理局负责全部工程可行性研究。由于人力资源有限，目前主要工作分包给专业咨询公司，由陆路交通管理局的工程部负责监督审核。

第四节　新加坡交通影响评价实施情况

新加坡开展建设项目交通影响评价的目的包括两个方面。其一是对项目及局部交通影响而言的，即通过交评来分析项目开发对周边交通环境的影响，提前采取措施来减轻负面影响；其二是对陆路交通管理局及整体交通环境而言的，即陆路交通管理局可以通过交评程序更好地了解城市开发建设和新增交通需求情况，从而在制定交通规划或交通改善计划时更加有效。

1. 交通影响评价参与部门

新加坡建设项目交通影响评价由陆路交通管理局负责管理和审批。市区重建局在建设项目开发者核发规划准证（Planning Approval）时，需向陆路交通管理局和其他政府部门征询意见，在交通方面，陆路交通管理局则一般需根据项目开发者提交的交评报告来向市区重建局提供意见。为了顺利获得规划准证，项目开发者一般会在申请规划准证之前即向陆路交通管理局提交交通影响评价报告供审核。

2. 交通影响评价启动阈值

新加坡交评启动阈值定量与定性相结合，陆路交通管理局在决定是否需要进行交评方面有较大的自由裁量权。

（1）当特定功能类型项目的建设规模超过表3-5中法定规模时，需进行交评。

（2）对于项目功能类型不在表3-5之内，但用地期限超过5年且可能对周边交通产生显著影响或者位于高密度地区的临时建设项目，陆路交通管理局可能会要求提交交评报告。

（3）任何项目若是需要兴建直接通道（不论是小的专用车道或新的服务/出入通道）连接第二级道路（主要干道）或以上等级道路，均需要进行交评研究。

新加坡一般建设项目的交评启动阈值[1]　　　　　表3-5

建设项目类型	建设项目规模
1 住宅项目 1.1 有地住宅、公寓、建屋发展局高级住宅 1.2 建屋发展局住宅	1.1≥600单元 1.2≥800单元
2 零售 购物中心	≥10000m²建筑面积
3 商业写字楼	≥20000m²建筑面积
4 工业用地 4.1 普通工业 4.2 仓储、物流 4.3 科学园/高新科技园	4.1≥50000m²建筑面积 4.2≥40000m²建筑面积 4.3≥40000m²建筑面积
5 教育用地 5.1 小学 5.2 中学 5.3 国际学校 5.4 初级学院 5.5 大学	5.1≥1500学生 5.2≥2000学生 5.3≥2000学生 5.4≥2000学生 5.5需要交评
6 医疗用地 医院	≥200停车位
7 酒店 商务及观光酒店	≥600床位
8 休闲 展览中心、主要旅游景点	≥200停车位

3. 交通影响评价工作程序

新加坡交评工作通过内容界定会议（Scoping Meeting）和初期报告来实现交评管理单位与交评编制单位的充分协商，由此确保交评目标的实现，保证交评报告质量，减少返工。

新加坡建设项目交通影响评价的工作程序如图3-7所示。

1）内容界定会议

项目开发单位和交通顾问（交评编制单位）应该在开始交评研究之前，同陆路交通管理局的工作人员联系，就交评的研究范围以及其他同本项目开发有关的一些特定要求进行讨论，对相关问题达成共识。

项目开发单位的高级代表以及交通顾问应参加界定会议，这有利于清楚地理解交评的工作内容。在界定会议召开前，项目开发单位和/或交通顾问最好同陆路

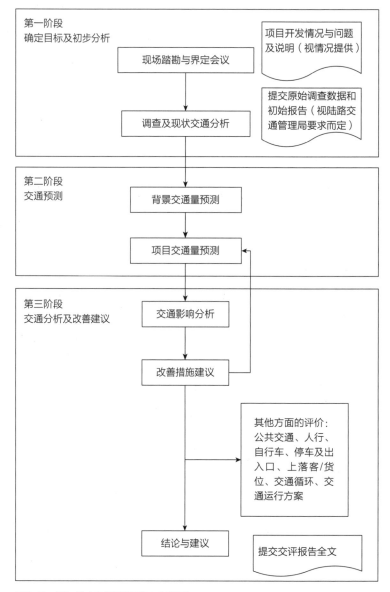

图3-7 新加坡交通影响评价工作流程

交通管理局先进行初步沟通，进行现状踏勘，并向陆路交通管理局提供问题/说明清单。界定会议之后，建议项目开发单位和/或交通顾问根据范围会议上达成的共识，提交一份会议备忘录。

2）初始报告

为了明确工作范围，一般情况下陆路交通管理局会要求编制单位提交一份初始报告。交评报告书应清楚地说明研究的目的，此外还应说明主要问题、研究方法、研究过程、工作范围等。编制单位应在初始报告得到审核批准后才开始正式的交评报告书的编制。

4. 交通影响评价实施效果

新加坡政府认识到房地产开发商可能会唯利是图，只希望通过土地开发使自己的利益最大化，而不会也不懂得考虑自己的开发行为对周边交通带来的影响。为此新加坡建立了完善的交通影响评价机制，保证所有可能对区域交通产生影响的建设项目均经过交通管理部门的严格审批，以便将其影响控制在一定范围内。

新加坡交通影响评价的工作过程使陆路交通管理局得以介入地产开发的规划设计过程，并提供相关指导，避免了开发商为提高利润而盲目进行高密度开发，却无力疏导吸引来的大量交通，进而导致严重拥堵的局面，以及不提前建设足够的停车位，因而无法容纳吸引来的机动车的情况。

通过交通影响评价的建设项目能够保证建筑周边交通顺畅，提高了建筑的可达性，更便于更多的市民通过各种交通方式抵达，不仅避免在城市交通系统中产生拥堵点，有利于城市交通整体的均衡可持续发展，而且对于私人开发商也是有利的。

参考文献

［1］新加坡陆路交通管理局 http://www.lta.gov.sg/content/ltaweb/en/about–lta.html.
［2］王晓辉，李静，王琦，郑惠兰. 新加坡交通管理政策现状与综述［J］. 城市建设理论研究，2014.
［3］Loh Chow Kuang，罗兆广. 新加坡交通需求管理的关键策略与特色［J］. 城市交通，2009（7）.

第四章 TOD开发策略与实施

第一节 TOD指导方针

在新加坡，Transit Oriented Development（TOD）是指将城市发展与捷运系统结合起来，优化捷运车站附近的城镇发展密度，以此提高捷运系统的可达性以及交通系统和城市的连通性。整个模式的建设有着一套完整的指导方针：

首先在规划阶段，城市重建局要对捷运系统附近可开发利用的土地规模进行估算。优先考虑如何通过基础设施的建设来促进地铁站与城市建筑的连接，比如连接地铁站与商业区的地下通道、人行天桥等。有了规划方案后，需要通过区域交通分析来鉴定当前的TOD模式对周围路网的影响，预测出方案实施后道路的改善情况以及空间利用的合理性，同时保留一些必要的空间，方便以后城市扩展、修建新的道路。

开始建设前，新加坡政府会通过公开土地售卖的形式将土地卖给开发商，并附带以下条件：开发商应以捷运系统为基点开发建设，并确保建筑物外部结构和设计与市区景观协调一致；对于新建的捷运线路和需要在地下设置地铁站的TOD小区，要求开发商将建设时刻表与捷运建设进度结合起来；对于需要与公交换乘站相连的地区，要求开发商同时承包对公交换乘站的建设，但经费由政府承担。

在建设阶段，开发商要进行交通影响评估，对政府早期的交通评估进行核对并进行必要的改进工作，费用由开发商承担。

第二节 推进TOD的工作流程与相关部门及其职责分工

1. 工作流程

前期规划—开发建设—运营管理，如图4-1所示。

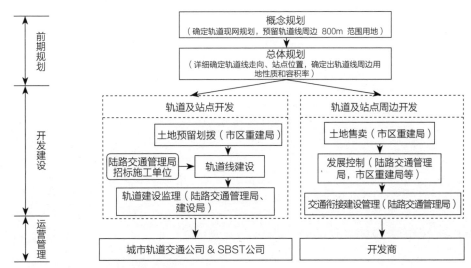

图4-1　推进TOD工作流程及相关责任部门[1]

1）前期规划

前期规划主要包含概念规划和总体规划，详细内容见第一篇第二章第二节交通规划与城市规划、土地规划等相关规划的关系及协调机制，在此不再赘述。

2）开发建设

（1）轨道线

在总规层面通过多部门协商，已经制定出详细的轨道线路由和站点位置，并且市区重建局已经预留出轨道线网的土地。

陆路交通管理局通过交通部上报轨道线网建设预算给财政部，通过即可由国库拨资。地铁站动工建设前，由陆路交通管理局负责全部工程可行性研究。由于人力资源有限，目前主要工作分包给专业咨询公司，由陆路交通管理局的工程部负责监督审核。

然后，陆路交通管理局负责招标施工单位进行地铁建设。在轨道线的建设过程中，陆路交通管理局和建设局的相关部门同时负责监督承包商的工程质量，以确保轨道线的建设质量满足要求（图4-2）。

（2）站点周边建筑开发

①土地售卖

针对站点周边的土地，其用地性质和容积率在总规层面早已确定好，市区重建局根据时机将土地进行带技术标准限制性的招标投标，多家公司进行方案角逐（建设形态、风格等），中标者获得该块土地。

技术标准限制主要是：

a. 获得开发权时需要容积率要求、用地性质；

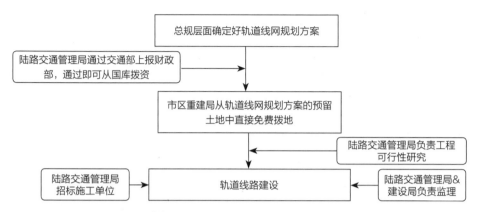

图4-2　轨道线的开发建设流程[1]

　　b. 与地铁、公共汽车、出租车站、行人通道等无缝衔接的要求；

　　c. 建设与地铁相连接的24小时开放的通道的数量及位置等；

　　d. 大厦的出入口建设位置、上下客位置及停车位数量等；

　　e. 大厦的装卸空间及出入口等规划要求，保证运货车不乱停。

　　②发展控制

　　发展控制，评估批准开发项目，并确保其符合总规的规划策略和指导方针。

　　中标后的规划建设流程中，陆路交通管理局将全权审批开发商的建筑规划建设方案，确保开发商能做好公共衔接等服务。例如，地铁的出入口设置与数量、公共汽车站的有盖连廊、过街天桥等。

　　开发商必须做好发展控制的方案交由陆路交通管理局审批合格后才能开始实施建设。

　　③项目管理

　　整体规划项目层面，陆路交通管理局跟踪实施推进。设计审批合格后，陆路交通管理局确保开发商落实和满足公共衔接与发展控制的要求。

　　3）运营管理

　　（1）轨道线

　　轨道线建成通过验收，通过限制招标后，在严格的条件下许可给城市轨道交通公司或者SBST公司运营，公司需要负责地铁线的运营、列车、设施维修等，在2016年前基本是自负盈亏。地铁公司没有物业开发权，但可以出租地铁站内的部分空间作为商业用途。

　　（2）站点周边建筑

　　站点周边建筑由开发商自行采取运营管理方案。

2．相关部门及职责分工

TOD项目相关部门：

（1）国家发展部：建屋发展局，负责公共住房发展建设；建设局负责监管建设行业工程技术和质量，颁发批准建设的证书；市区重建局，负责统筹城市用地控制、用地出售。

（2）交通部：陆路交通发展局，负责站点建设、工程监督等，站点周边发展控制审批、跟踪推进验收等。

第三节　TOD的实施主体与协调机制

1．实施主体

在交通一体化项目开展过程中，一体化规划层面是在总体规划委员会里相互协商决定的，而一体化的实施层面，主体分为已建成的开发商和待开发项目。在实施层面，陆路交通管理局主要负责协商跟踪推进，实际实施主要在开发商方面。

（1）已建开发商：陆路交通管理局与开发商协商，设计连通地铁站出入口、连廊等方案，以人为本，方便乘客，提供一体化的公共服务。

（2）未开发项目：未来开发商在建设之前需要提交建设项目方案给陆交局审批，陆交局对其进行发展控制，且跟踪推进建设。如图4-3所示。

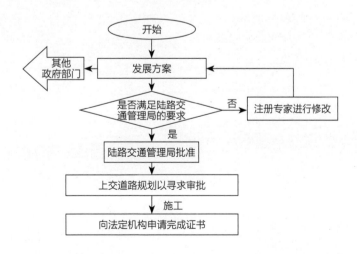

图4-3　发展控制流程[2]

2. 协调机制（图4-4）

市区重建局下设总体规划委员会，总体规划委员会针对TOD一体化发展进行协调工作，市区重建局局长担任会议主席，包括陆路交通管理局、土地局、建屋局等单位，多部门同时进行工作，以便实现土地与交通一体化规划发展。

针对交通一体化规划发展，总体规划通过多部门同时协商，高层随时沟通，确定出轨道沿线的各个地块的用地性质和容积率以及相应的发展控制要求。

（1）总规上层协调：部局之间根据城市交通总体规划方针对TOD项目的实施进行协调，由各部门高层负责人相互沟通，互相提自己部门的要求，相互协调，沟通过程可能长达2~3年。

（2）跨部门协商：在确定了轨道线网路由、周边用地性质及容积率之后，TOD一体化发展项目需要由陆路交通管理局主导，开展跨部门的一些讨论会议，相互协商发展要求，如：陆路交通管理局和市区重建局主要负责确定地铁的位置、出入口数量等规划要求，以便在卖地之前设定限制性招标条件，同时由陆路交通管理局负责上报预算及工程可行性研究。在这个阶段，各部门间工作人员几乎每天通过邮件、电话等形式沟通，几乎每周都会面商讨具体事宜。

（3）规划建设协商：在开发商中标后，需要提供发展控制方案到陆路交通管理局审批，合格后方能施工建设。

（4）项目管理：在开发商开发建筑的过程中，持续跟进建设与设计方案是否有偏差，尤其是公共服务性质的建设。实线交通一体化无缝衔接。

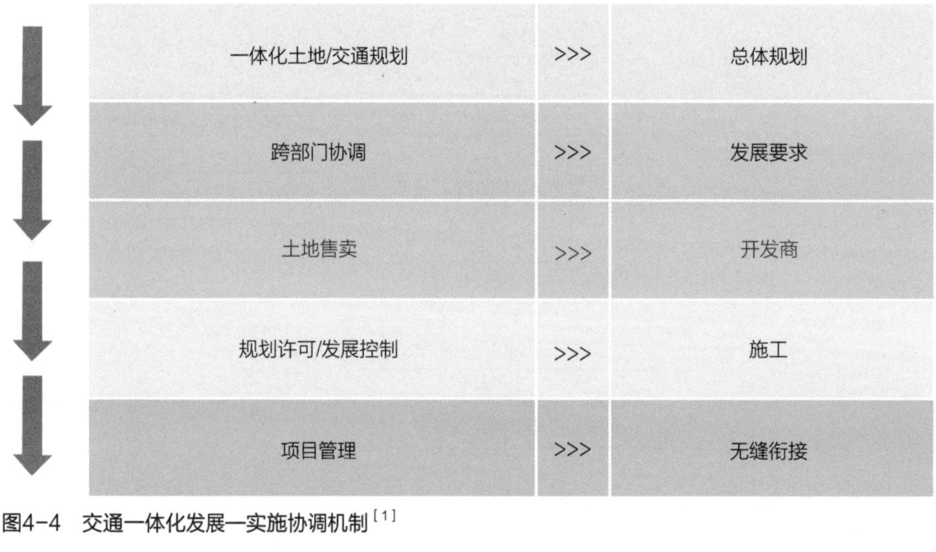

一体化土地/交通规划	>>>	总体规划
跨部门协调	>>>	发展要求
土地售卖	>>>	开发商
规划许可/发展控制	>>>	施工
项目管理	>>>	无缝衔接

图4-4 交通一体化发展—实施协调机制[1]

第四节 TOD的规划设计流程与方法

见图4-5。

1. 概念规划阶段

概念规划的目的是为满足远景规划人口和经济的需求留出足够的土地。新加坡的概念规划中包含了轨道线网等相关规划，但并不准确给出详细路由。市区重建局并在此基础上预留出沿线的土地，基本预留轨道沿线200m范围内的土地。必要时根据《土地征用法》由土地局出面强制征地。

财政部审核通过概念规划方案，确保未来10年政府财政可以保证概念规划的实现。

2. 总体规划阶段

总体规划委员会根据城市交通总体规划方针对TOD项目的实施进行协调，由各部门高层负责人相互沟通，互相提自己部门的要求，相互协调，确定出轨道沿线的各个地块的用地性质和容积率以及相应的发展控制要求。原则上轨道交通站点周边会适当提高容积率，但TOD规划并不是以出售高容积率土地获利为目的，而是以一体化发展为目标，故容积率的确定不会因为轨道线的规划而与周围产生特别大的变化。

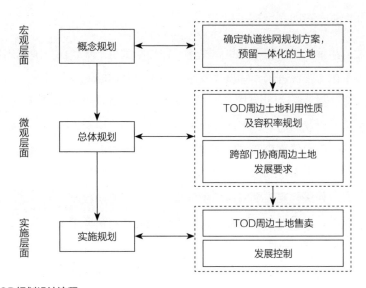

图4-5 TOD规划设计流程

（资料来源：根据URA官网整理https://www.ura.gov.sg/uol/concept-plan/our-planning-process/our-planning-process.aspx）

在确定了轨道线网路由、周边用地性质及容积率之后，TOD一体化发展项目需要由陆路交通管理局主导，开展跨部门的一些讨论会议，相互协商发展要求，如：市区重建局主要负责确定地铁的位置、出入口数量等规划要求，以便在卖地之前设定限制性招标条件，同时由陆路交通管理局负责上报预算及工程可行性研究。在这个阶段，各部门间工作人员几乎每天通过邮件、电话等形式沟通，几乎每周都会面商讨具体事宜。

3. 实施规划阶段

地铁站动工建设前，由陆路交通管理局负责全部工程可行性研究。

财政部立项决定建设轨道交通，此时市区重建局开始研究地铁站的位置、出入口等发展控制。原则上地铁站应尽量多设置出入口与私人建筑衔接；若地铁站开工前附近土地已经出售，并已经建设了私人建筑，则需要陆路交通管理局与开发商谈判确定出入口位置。

周边土地开发商在建设之前需要提交的建设项目方案，由陆路交通管理局对其发展控制方案进行审批，审批通过才能施工，并跟踪推进建设实时协商细节。

第五节　综合交通枢纽周边土地利用控制策略与方法

1. 用地性质的规划及相关规定

新加坡的用地性质控制是在总体规划里详细给定每个地块的土地利用性质，并且新加坡由于国土资源有限，其地块较小，一般为2~4hm²。

总体规划会根据新加坡有限的719.9km²的空间资源计算远景未来城市容纳690万人口的生活及就业的需求，来计算给定出每个地块的用地性质和容积率。新加坡从整个城市的规划发展来控制土地利用，一体化地考虑需求。若有白色用地则表示暂时没有规划，开发商可以建议其用途。

土地拥有者如果想要改变用地性质及容积率，需要向政府提出申请。如果提高容积率得到批准，还需要缴纳发展费，为该地块提高容积率带来的增加收入的大约70%将交给政府。当用地性质、容积率等发生变更时，通过严谨的程序进行变更，而不是等到5年的修编（修编更多的是对过去5年发展和变化的一个总结）。一般来说，是由市区重建局提出，国家发展部部长批准。

关于地铁上盖物业的用地性质，新加坡是可以分地上用地性质和地下用地性质，二者是可以兼容的。

2. 综合交通枢纽周边的地块土地利用策略

1）规划阶段

通过概念规划和总体规划，给出每个地块的用地性质和容积率，同时为交通基础设施如地铁线路预留用地。当出现少数情况地铁站建设影响地块，则需要征收土地（国家法律强制以市价征收，市价由第三方评估），征收范围为地铁站半径200m以内。

综合交通枢纽周边的每一个地块卖地之前，要做详细的规划和带限制性条件的投标文件，以确保该块土地按照总体规划的设想来开发建设，同时与地铁站无缝衔接。限制性发展条件主要是：获得开发权时需要容积率要求、用地性质；与地铁、公共汽车、出租车站、行人通道等无缝衔接的要求；建设与地铁相连接的24小时开放的通道数量及位置等；大厦的出入口建设位置、临时停车位置及数量等；大厦的装卸空间及出入口等规划要求，保证运货车不乱停等方面。限制性的发展条件需要跨部门协商，陆路交通管理局、市区重建局、建屋局等，会结合地铁站的规划要求对相应地块的开发提出要求。换言之，这个投标文件要求各个部门间相互协调最后达成一致的成果。

2）出售土地

根据规划，按照一定的时间次序卖地和开发，这个完全由市区重建局决定。

根据投标文件，公开招标。大多数地块开发没有对建筑设计风貌的要求，也不需要开发商投标时做初步设计，少数标志性的建筑需要考量初步的建筑设计。

最低地价由总估价司核定，如果达不到此价，不必卖出。用地性质和容积率不同，地价也不同。如新加坡乌节路地铁站，地铁建成15年后，周边地块才卖出，但是周边地块的桩基已经预先打好。

取得地块的开发商必须一次付清款项，遵循投标文件的要求进行开发，一般要求招标之后5~8年内完成开发，以防止开发商囤地。

卖地年限：商业、住宅用地均为99年，工业用地60年。

3）土地开发

市区重建局的工作内容主要在卖地之前，一旦卖地完成，市区重建局不参与具体的开发；由开发商自己按照投标文件中的指标进行开发，但开发商必须上交一个发展控制方案（主要是公共服务性质设施的建设方案）给陆交局和其他政府部门，通过陆交局等的审批之后方才能进行施工。

开发商可以与政府沟通，比如讨论是否可以略微突破容积率等，审批权力在于政府；开发过程中，如果发生开发商资金链断裂等情况，政府有权收回土地（没收全部地价或退还一部分），重新拍卖；开发完成后，市区重建局按照投标文件中相应的要求进行审核，满足要求之后可以开始运营。

　　在开发地块中的公共交通部分，如更新的公交站和换乘设施等，由政府出资，开发商统一建设。

第六节　综合交通枢纽的交通方式无缝衔接、步行空间、出入口规划思路及设计引导原则和方法

1. 综合交通枢纽多种交通方式无缝衔接规划思路及引导

1）基本原则

（1）每400m一个公共汽车站；

（2）有盖连廊：地铁站400m，轻轨站和公共汽车站200m。

2）规划思路及引导

　　综合交通枢纽周边200m内一定要涵盖公共汽车站、出租车站、自行车停放处、上下客位等，尽量使换乘距离短且方便，并且要尽量保证无障碍通行。其他交通方式在已建成的基础上，与综合交通枢纽连为一体，方便换乘。

　　在确定沿线站点时，由陆路交通管理局牵头，市区重建局等部门参与一起讨论站点周边的交通方式（公共汽车站、出租车站、步行空间等）衔接及出入口的设置，共同协商确定规划方案。周边土地进行招标时，相应的交通方式衔接指标作为限制性条件附加进去，引导交通方式的无缝衔接。

2. 综合交通枢纽步行空间的规划指南

　　根据市区重建局官网对于步行空间与综合交通枢纽的链接指南[2]

（1）通道空间可以和活动生成（Activity-generating）的空间一体化建设，像商店、餐厅等，沿着单向或双向的地下行人通道连接到枢纽站。

　　如图4-6所示，为最大允许的地下人行通道和活动生成的空间使用面积。

（2）通道空间必须可以从公共空间直接进入，无障碍并且至少保证在枢纽站运营时间内全部开放。

（3）现在的惯例是不把公共步行空间的面积计入总的建筑面积里，在地下步行通道中活动产生使用的建筑面积可以超过现有总体规划允许的建筑面积。然而，这种额外的建筑面积是不可转让的，增加的建筑面积将受到开发费或差价补充。

（4）这种步行空间将受到其他相关部门的发展要求，如陆路交通管理局、土地局、公用事业局（排水处）和消防局等。

附录1
连通快速交通系统（RTS）车站的地下行人通道示意图

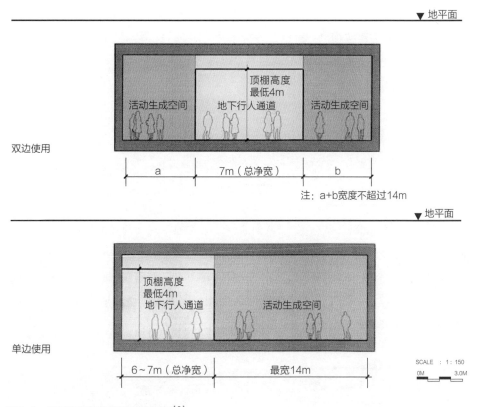

图4-6　步行空间的建设尺寸限制图[2]

3. 出入口规划思路及引导

地铁出入口至少应该保证4个，东南西北四向，推崇在合理的条件下越多越好。出入口还应考虑与周边建筑的连接情况、与道路支线的连接情况、与人流量多的区域的连接情况。同时，出入口设置应考虑到其他部门（如市区重建局）发展控制的要求。

第七节　TOD项目案例资料及经验

通过分析新加坡新市镇典型中心站点结构与TOD模式的关系，根据调研考察的区域中心站（Jurong East站）、副区域中心站（Paya Lebar站）、镇中心站（Eunos站）、私人住宅中心站（Kembangan 站）以及市中心多美歌站（Dhoby Ghaut站）来总结相关TOD项目的案例经验。

1. 新加坡新市镇典型公共交通枢纽结构与TOD模式的关系

1) 新市镇的标准规模与结构

新市镇规划具有统一的标准和结构，一般而言分为三个等级结构：新镇，社区，邻里（表4-1）。如图4-7所示，各级结构等级分明、配套合理。新市镇都是由政府统一规划建设，一般而言城镇面积约10km²，以容纳20万人来设计。

新市镇三个等级结构规模　　　　　　　表4-1

等级	城镇	社区	邻里
面积（hm²）	700~800	60~80	8~10
人口（万人）	20~30	2~3	0.3~0.4

每个新市镇都设有镇中心，公共交通枢纽（含地铁站和公交换乘站）与镇中心结合设立。用地规模约25hm²，配套的公共设施主要集中于镇中心及其周围，这些较大型设施服务半径大约2km，可涵盖全镇。典型的新市镇的配套公共设施有：学校、办公、商业、餐饮、娱乐、邮政、诊疗所、图书馆、游泳中心、室外体育中心、室内体育馆、宗教设施、镇公园等。

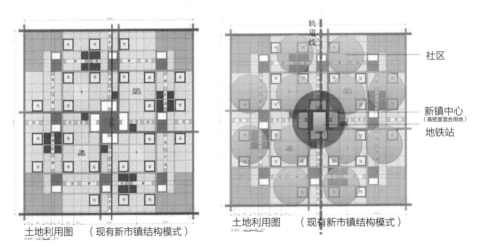

图4-7　典型的新市镇用地分布及规模结构[2]

2) 新市镇的土地利用控制及策略（图4-8）

新镇中心与地铁站结合的公共中心用地基本以商业为主，居住、办公为辅。地铁站设在新镇的中心商业区，且公交换乘站与地铁站连在一起，地铁和公交抵达的商业中心确保了商机，而商业中心的人潮也确保了地铁和公交的客源。有地铁和公交车直达的新镇商业中心因为交通便捷成为新镇居民休闲、娱乐、购物、餐饮、个

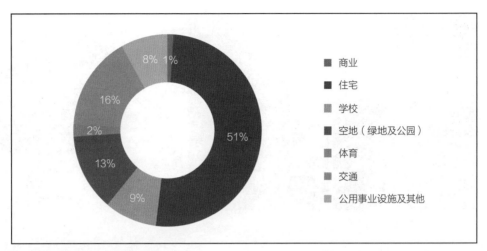

图4-8　榜鹅新城的土地利用类型分布图

（资料来源：新加坡建屋发展局资料）

人服务、游憩等各式各样需求的生活中心。新镇商业中心一般有1～4个大型的旗舰百货公司，再搭配相当数量的小型商店，适合服务新镇20万人口、5万～6万户家庭。新加坡的新镇中心指标充分体现了镇中心的综合属性，既包括商业、行政、文化、医疗等公共服务功能，也包括公共交通和环境建设的相应用地指标，必须配置足够的公共交通枢纽用地以及公共绿地。

镇中心以外基本以住宅为主。新镇住宅以高密度为主，比重高达78%，低密度住宅、中密度住宅分别为9%、13%。普遍采用25层左右为主的高层住宅楼、容积率为2.5左右、密度约500人/hm²的发展方式。这种高层、高密度的居住方式，有助于土地的集约利用，符合TOD导向的土地开发模式。

3）新市镇的公共交通衔接系统

（1）轻轨衔接

新加坡的轻轨是地铁网的拓展，用于取代支线公共汽车，连接地铁站与居住区。一些新镇，如盛港和榜鹅（图4-9），以自动导向、无人驾驶、树胶轮胎的轻轨取代支线公共汽车，每个轻轨站与其附近居住区之间的最大步行距离控制在300m以内。

作为轨道交通的补充，这种分级布局的轨道线网是新加坡在宜居城市建设方面的一大创新：一方面可以扩大轨道交通站点的服务范围，提高居民可达性；另一方面，通过轻轨收集沿线居民区乘客，形成对地铁的客流补给关系，极大地提高了轨道交通系统的整体运行效率。

（2）公共汽车、自行车衔接

支线公共汽车、自行车作为末端交通的衔接工具，就近设置于地铁站旁。榜鹅地铁站一出来便是室外公共汽车换乘站，根据公共汽车牌指示分别到不同路线排队

图4-9　同台垂直换乘轻轨

图4-10　室外公共汽车换乘站（<100m）

图4-11　自行车停车场

等候，换乘十分便捷（图4-10）。且自2008年后加快建设空调公共汽车换乘站的力度，候车环境好，品质高。立体自行车停车场，节约空间，便于衔接中短距离末端出行（图4-11）。

（3）步行衔接

公共交通要满足人们出行的舒适度、便利度的要求，公共交通出行的两端进行人性化的交通接驳和环境设计。

新镇中心公共交通枢纽周边预留未开发用地，走出枢纽站，人行道宽敞平坦，人车分离，依托有盖走廊的步行系统形成线型公共空间将公共交通与公共设施、住宅入口连接，以人为本；合适的开发强度及宜居环境是新镇开发的成功保障。

（4）新市镇的道路等级结构

新市镇道路分为四个等级，层次分明，结构完善。快速路，大约3.5km间距，包围整个新市镇，大流量交通不穿过新市镇；主干路，连接新市镇中心与各个住宅区之间的道路，同时连接周边新镇，主要间距为700～1000m，围绕轻轨系统呈环状分布，提高轻轨服务的通达性；次干路，连接主干道和社区，主要间距为500m；社区道路，住宅区之间的道路，间距为200～300m（图4-12）。

（5）轨道引领新市镇发展

在实现盈利的同时，新加坡的轨道交通建设带动卫星新镇的建设。新加坡将轨道交通

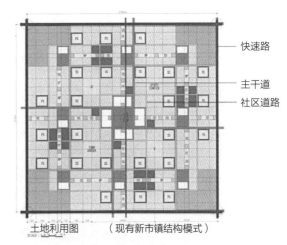

图4-12 新市镇道路等级结构图[2]

的修建与政府津贴的组屋建设结合，有效地引导城市发展。根据《环形概念性规划》，将轨道交通建设与组屋区结合起来，起到疏散中心城区人口的作用。新加坡目前为止有82%的人居住在政府组屋当中。

新加坡地少人多，政府规划了新市镇作为高密度发展、有机联系城市轨道交通系统中的节点单元，充分展现了TOD模式的理念。如图4-13所示，新加坡概念规划的环状城市，25个分散的新市镇被4条大运量的地铁（Mass Rapid Transit，MRT）线路串联起来，新加坡规划的新市镇距离市中心商务区约10～15km，是一个合理的通勤距离，并且配合廊道上的大运量交通模式，打造土地混合利用和高人口密度的廊道式分布，轨道交通导向的城市空间良性发展。

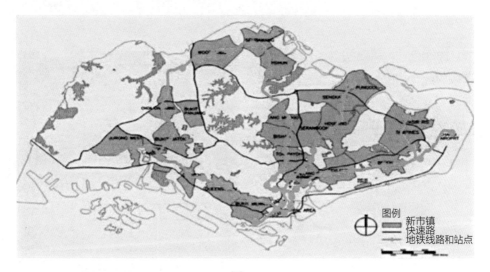

图4-13 新加坡新市镇与轨道线的空间结构图[2]

在新市镇的规划布局中，每个新市镇基本会有1～2个地铁站穿过镇中心，镇中心配合公交、轻轨换乘，提供高效、便捷、舒适的公共交通出行。同时，配备完善的商业和社区服务设施满足人们的日常生活需求，并设置一定的开敞空间供人交往，建筑布局围绕邻里中心，采用高容积率开发模式，在内部设有便捷的步行和自行车交通系统，倡导绿色交通概念，便于多种交通方式的接驳，通过步行系统的设计连接各个住宅组团。

2. TOD项目的交通衔接规划设计及实施——以Paya Lebar Station为例

1）交通衔接

新加坡的交通，一般而言，40%直达，60%需要换乘，所以交通衔接显得尤为重要。

（1）规划层面

陆路交通管理局和市区重建局等部门在商量制定地铁沿线站点的时候，就会规划好站点周边的公共汽车站、出租车站、自行车停车场、出入口等的位置。并且靠近商业大厦的出租车站的建设方案需要由商场提交，需由陆路交通管理局审批并作项目实施的跟踪推进。

（2）实施及服务层面

①公共汽车站

公共汽车站的用地属于政府免费划拨，同时也由政府出资建设。Paya Lebar地铁站周边有6个公共汽车站，最远一个公共汽车站不超过400m。公共汽车站1原来就已经存在，直接添加上盖连接到周边的商业大厦（Paya Lebar Square）和地铁站就好，公共汽车站的上盖建设由政府公开售地中标后的中标单位一体化建设（图4-14）。

公共汽车站1规划了相应的公共汽车换乘路线，并且提供实时公共汽车到站信息，同时提供无障碍通道直达地铁站入口（图4-15、图4-16）。

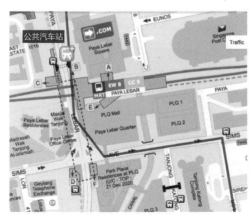

图4-14　Paya Lebar地铁站的交通衔接图
资料来源：www.streetdivectory.com

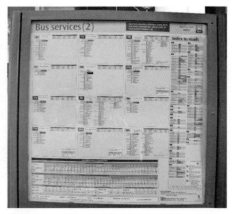

图4-15　公共汽车服务牌显示公共汽车线路路由及票价

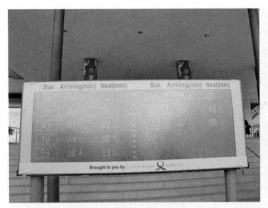

图4-16　公共汽车站1电子显示牌实时显示到达公交信息

图4-17　出租车站建设了3个临时停车位

图4-18　专用的车辆上下客区

图4-19　Eunos 地铁站立体自行车停车场

②出租车站

出租车站有2个，相对于公共汽车站来讲更少，希望鼓励大家公交换乘，培养公共交通出行的习惯。商业大厦地块内的出租车站的规划位置由商场提交建设方案，需由陆路交通管理局审批后跟踪推进商场开发一体化规划建设，并且用地属于商场用地。

靠近商厦不到30m建设了该出租车站，同时建设了上盖廊道，该出租车站由政府出资建设，规划了3个临时泊位供乘客搭乘出租车。其他车辆必须在旁边的上下客处下客（图4-17、图4-18）。

③出入口

该站建设了4个出入口（A/B/C/D口）。每个出入口都配备了无障碍设施，同时B口也与商业大厦进行了有盖连廊的连接，使之成为一个整体，其他口也连接到周边的住宅、办公中心，方便行人。

④自行车停车场

以Eunos站为例，设置的是立体自行车停车场，节约空间，管理有序（图4-19）。

图4-20　Paya Lebar地铁站与周边商业大厦的有盖连廊

图4-21　Paya Lebar地铁站周边商业大厦与出租车站的有盖连廊

2）有盖连廊

该地铁站需要由周边大厦开发商出资建设与地铁、出租车站、公共汽车站的有盖连廊。市区重建局在卖地的时候，就把连廊的技术限制作为附加条件写进去了。开发商的有盖连廊的规划及建设方案都需要交给陆路交通管理局审批，同时跟踪推进确保公共服务性质的设施质量（图4-20、图4-21）。

3）TOD建设及投资

在TOD项目建设过程中，周边大厦的开发商与交通相关的技术层面事宜，需要由陆路交通管理局审批相关的发展控制，包括与出租车站、上下客站、公共汽车站、地铁站的衔接，有盖廊道的规划及建设方案等，确保建筑与地铁站交通一体化发展。

公共交通的投资都是由政府直接出资，有盖廊道由周边开发商自行出资并建设。但是如果是大型公共汽车换乘枢纽站，建设归开发商，资金由政府出。但像Kembangan Station公交站，就采用PPP模式，公司负责建设和维护公交站，通过广告等回收成本，有效期是5年，5年后移交给政府所有。政府五年后再招标。

3. 步行衔接系统

1）步行衔接系统——以裕廊东地铁站二层连廊J-Walk为例

如图4-22所示，裕廊东地铁站的二层连

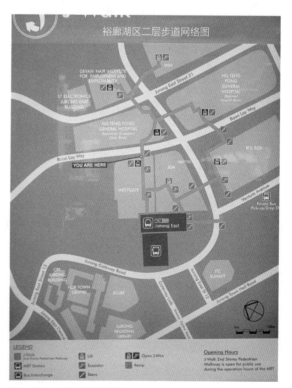

图4-22　J-Walk衔接图

图4-23　J-Walk在室外呈现有盖廊道

图4-24　J-Walk 在大厦内通道指示牌明确

廊非常有效地衔接了地铁站与周边7栋大厦的步行空间，包括商业大厦、医院、行政机构等。J-Walk互通互畅，吸引人流的同时增强可达性，非常方便行人，也省去了走路面交通的一些等待与麻烦和交通安全问题。

（1）J-Walk开放时间

同时，也通过J-Walk与周边的公共汽车站直接连接，提供方便、快捷的直达空间。即使有部分J-Walk的连廊在商厦里面，但所有的J-Walk都至少在地铁站运营时间里对公众开放（图4-23、图4-24）。

部分无障碍设施是24小时对公众开放的。

（2）建设时序

建筑群之间的二层连廊，先开发的开发商拥有连廊出入口开口位置的决定权，随后的开发商只能衔接之前开发商大楼的开口确定的位置。

（3）开口规划

开发商自己的内部用地可以任意规划，二层连廊出入口方案需要政府机构JTC批准，后来的用地在招标文件中就已经涵盖了开头连廊的技术要求及限制条件。

（4）连廊建设归属

二层连廊，每个开发商负责自己地块内部分的规划建设。公共部分一般来说需要后开发的开发商来承建，依据道路中线划分，两栋楼所属开发商均摊公共连廊费用，同时公共连廊部分交由陆路交通管理局管理维护。

2）站点层面的步行空间

Paya Lebar地铁站内步行空间，可由旁边大厦（如Paya Lebar Square）内部直接连接到地铁站入口，大部分都是可以24小时开放或者至少在地铁运营时间开放（图4-25、图4-26）。

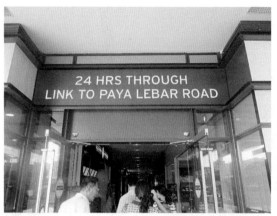

图4-25　Paya Lebar Square商厦通向地铁步行通道24
小时开放

图4-26　Paya Lebar Square商厦内部通向地铁步行空
间的指示牌非常明显

第八节　容积率的计算方法及控制

1. 计算方法

新加坡的容积率计算方法基本与中国一致，计算公式如下：

$$容积率 = 总建筑面积 / 总用地面积$$

容积率反映了单位面积土地上面所建盖的建筑物密度。容积率可根据需要制定上限与下限。容积率的下限是保证地块开发的效益，防止无效益或低效益开发造成土地的浪费，容积率的上限是防止过度开发带来的城市基础设施超负荷运行。

2. 容积率的控制方法

1）容积率规划设置

新加坡由于国土资源十分有限，在总体规划层面按照城市远景规划人口的整体需求，分配到每个区域和地块，设定相应的地块的容积率上限，以满足人们的居住、商业、就业、学习、休闲要求。

一些指导性原则：

（1）距地铁站越近，容积率越高；

（2）高低错落，满足不同的需求；

（3）相邻地块的容积率差异不能过大；

（4）新加坡为了鼓励立体绿化，不把绿化的花园面积计算入总的建筑面积中去。

新加坡的高楼没有采光的需求，所以市区的很多建筑距离特别近。

2）容积率变更方法

土地拥有者如果想要改变土地的容积率，需要向政府提出申请，需陆交局和市建局整体研究决定是否通过申请。倘若提高容积率得到批准，需要缴纳发展费，为该地块提高容积率带来的增加收入的70%交给政府。

第九节　轨道交通站点分类及不同站点用地特点和容积率控制

1. 轨道交通站点分类

1）区域中心站点

新加坡目前规划了3个区域中心以便分散中央商务区（CBD）功能，让工作更靠近住家，每个区域中心一般拥有80万以上的人口，工作岗位在四种类型站点中心中是最多的。区域中心站点周边具备完善的城市综合功能，有大型医院、商业、办公、居住等功能及大型公共设施和完善的配套生活设施。

2）副区域中心站点

地处市区边缘，与区域中心相比规模略小。副区域中心除了居住功能以外，还拥有部分商业和办公功能，类似于中国的城市功能组团。

3）组屋片区中心站点

组屋片区相当于中国的以居住为主要功能的新城，通常有一个大型的综合公共交通枢纽、一个以上的地铁车站，有完善的公共交通配套系统，包括首末站均在片区内的公交干线（部分线路提供点到点服务）、首末站不在片区内的常规公交服务以及片区内的衔接交通。

组屋区通常由若干个邻里中心构成。标准组屋区大约有20万人口，有诊所、超市、学校、餐厅等生活配套设施。

4）邻里中心站点

邻里是组成组屋区的基本城市单元，有完善的生活配套。邻里中心有购物、娱乐、餐饮、文体活动等生活配套功能。

5）私人住宅中心站点

私人住宅中心站点客流相对较少，基本以私人交通工具出行为主。私人住宅周边土地基本都是私人持有，自行修建住宅，类似于中国的别墅区。

2. 地铁站周边容积率设置

新加坡各种公共交通站点周边容积率规划上限值分布表[1]　　　表4-2

区域	代表地铁站点	250m半径圈		250~500m环带	
		商业	住宅	商业	住宅
CBD	Raffles Place	12.6+	—	8.4+	—
	Cross Street	12.6+/11.2+4.2*	3.5*	12.6+/11.2+4.2*	3.5*
区域中心	Jurong East	5.6+	—	4.2	4.2
副区域中心	Paya Lebar	4.2	2.8	4.2/3.0	2.8
组屋区中心	Woodlands	5.6	—	—	2.8
	Tamplnes	4.2/3.5	2.8	4.2/3.5	2.8
	Bishan	4.2	4.9/2.8	—	—
邻里中心	Eunos	3.5/3.0	3.4/2.8	3.0	2.8/1.4

注：*代表较早的既有建筑区，未进行城市更新。

从表4-2的统计可以看出，新加坡对地铁站周围土地规划的控制主要是通过对不同功能用地容积率的限制实现的。住宅容积率在全市范围内差异不太大；商业容积率在城市中心区地铁站周围可以达到12.6，在郊区地铁站的核心区域为4.2~5.6不等。

从上述的调查统计可以看出，地铁站周围容积率的分布具有如下特点：

（1）距离地铁站越近，容积率越高。全市各种地铁站周边开发强度均比较高，郊区地铁站周边商业开发容积率规定值也达到4.2。

（2）不同类型的地铁站周边容积率高低错落，满足不同需求。城市核心区地铁站周边容积率分布差异不大，靠近海岸的地块均实现了高强度的开发；郊区的各种地铁站周边容积率分布呈现随地铁站距离增加而降低的趋势。

（3）容积率的分布差异主要由用地性质引起。最靠近地铁站的250m半径圈内大部分规划为商业用地，开发容积率较高；外围区域主要为住宅用地，开发容积率较低，且在空间上分布较为均衡。

（4）地铁站周围实行容积率奖励政策，鼓励地铁站核心区域内的高强度开发；该核心区域通常规定为至地铁站各个出口方向距离相等的近似椭圆形的区域。

3. 区域中心站点——以裕廊东站为例

1）用地性质特点

区域中心站周边以商业用地为主，同时更加注重混合用地（如商住混合用地），辅以少量商业园——白色混合用地。基本500m范围外才出现配套的健康医疗用地、居住用地、酒店用地等类型。整体而言，区域中心周边用地类型呈现综合一体化发展。相较于另外三类中心，区域中心吸引了更多的人流。

以裕廊东站为例：

（1）200m范围：3个空白用地，还未规定用地性质，拟用于商业、酒店、住宅、体育和娱乐及其他混合使用的发展，并且规划了较高的容积率——4.2、4.9和5.6。

（2）300m范围：基本以商业用地为主，且商业用地容积率整体较300m范围高，容积率除了2个用地在3.0～3.5之间，其他都在5.6～7.0之间。如图4-27所示。

（3）500m范围：用地性质较为多样化，增加了一些酒店用地、医疗健康用地、居住用地和一个商业园——白色用地（主要用于商业园办公区和使用允许在白色区域混合使用一体发展），整体用地性质呈现综合一体化发展。如图4-28所示。

2）容积率控制

整体而言，枢纽周边用地容积率偏高，基本集中在3.5～7.0之间。相对比其他用地容积率高1.5～2.5倍。

从用地性质而言，枢纽周边容积率最高的是商业用地，其次是空白用地，再次是居住和酒店用地；从离枢纽距离来看，在枢纽站点200m半径内属于较高的容积率水平，一般在4.2～5.6之间，在150～300m半径内，容积率达到最高水平，基本

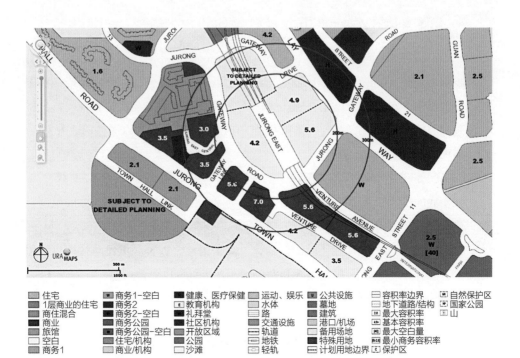

图4-27　裕廊东地铁站周边（200～300m）的用地性质及容积率[2]

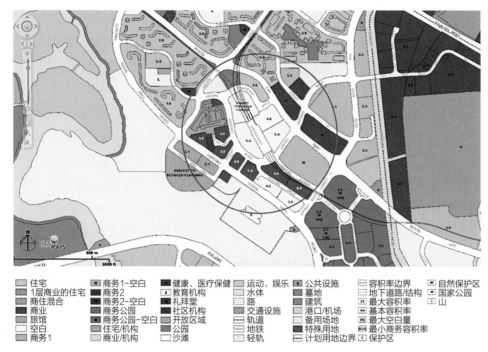

图4-28 裕廊东地铁站周边（500m）的用地性质及容积率[2]

处于5.6～7.0之间，在300～500m半径内，由于用地性质的多元化，容积率也开始逐渐下降，过渡到接近其他用地容积率。

4. 副区域中心站点——以Paya Lebar Station为例

1）用地性质特点

枢纽站周边300m范围基本以商业用地为主，有部分办公区，可以实现一些工业岗位的提供；在周边300～500m范围内用地性质呈现多样化，少许市民与社区机构用地和居住/机构用地，综合一体化发展；超过500m范围基本以居住用地为主。

以Paya Lebar Station为例：

（1）200m范围：基本全是商业用地，且规划了较高的容积率，在4.2左右。

（2）300m范围：基本以商业用地为主，且商业用地容积率整体与200m范围一致，少许为行政机构用地和居住用地。

（3）500m范围：用地性质较为多样化，除了商业、办公和市民与社区机构用地之外，增加了一些居住/机构用地和保护用地，容积率也降低一些，在2.8～3.5之间。整体用地性质呈现综合一体化发展（图4-29）。

2）容积率控制

整体而言，枢纽周边用地容积率偏高，基本集中在3.5～4.2之间。相对比其他用地容积率高1.2～1.8倍。

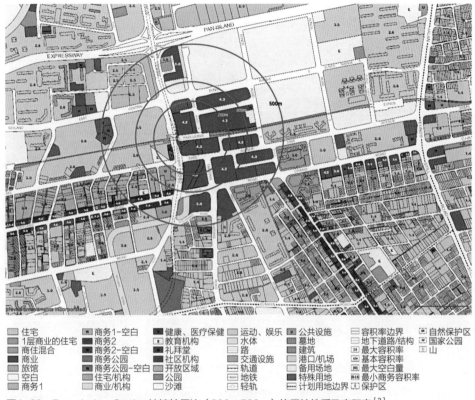

图例：
住宅　商务1-空白　健康、医疗保健　运动、娱乐　公共设施　容积率边界　自然保护区
1层商业的住宅　商务2　教育机构　水体　墓地　地下道路/结构　国家公园
商住混合　商务2-空白　礼拜堂　建筑　最大容积率　山
商业　商务公园　社区机构　路　港口/机场　基本容积率
旅馆　商务公园-空白　开放区域　交通设施　备用场地　最大空白量
空白　住宅/机构　公园　轨道　地铁　特殊用地　最小商务容积率
商务1　商业/机构　沙滩　轻轨　计划用地边界　保护区

图4-29　Paya Lebar Station地铁站周边（300～500m）的用地性质及容积率[2]

从用地性质而言，枢纽周边容积率最高的是商业用地，其次是市民与社区机构
用地，再次是居住用地；从离枢纽距离来看，在枢纽站点200m半径内属于较高的
容积率水平，一般在4.2左右，在200～300m半径内容积率基本也在4.2的水平，变
化不大，在300～500m半径内，由于用地性质的多元化，容积率也开始逐渐下降，
过渡到接近其他用地容积率，基本在2.8～3.5之间。

5. 邻里中心站点——以Eunos Station为例

1）周边用地性质

基本以组屋型的居住用地为主，配以一些小的商店，商店用途基本以生活配套
为主。

以Eunos Station为例：

（1）200m范围内：基本以居住用地为主，少许保留用地；

（2）300m范围内：基本以居住用地为主，配以少许的市民与社区机构用地；

（3）500m范围内：基本以居住用地为主，有少许小面积的商业用地、医疗诊
所用地、绿化用地，所占用地面积特别小，基本以生活配套为主（图4-30）。

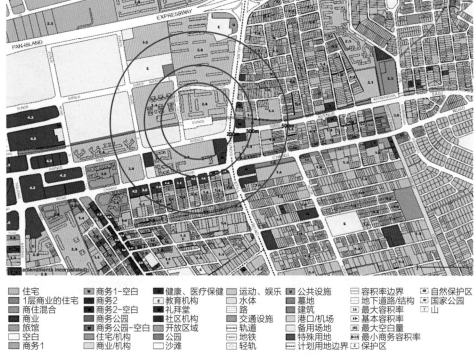

图4-30　Eunos Station周边（300~500m）的用地性质及容积率[2]

图例

住宅	商务1-空白	健康、医疗保健	运动、娱乐	公共设施	容积率边界	自然保护区

2）容积率控制

邻里中心Eunos Station周边基本以大面积的组屋区为主，容积率基本与组屋区的性质有关，中高层组屋区的容积率基本在2.8~3.5之间，低层组屋区的容积率基本在1.4~2.5之间。容积率的控制也与Eunos Station离机场较近，楼层受到管控，容积率不能太高有关。

6. 私人住宅中心站点——以Kembangan Station为例

1）周边用地性质

基本以住宅为主，土地属于私人，由私人自己建设，很少有统一的开发商。所以，整体的造型风格多样化，类似国内的私人别墅区。周围会有少许配以底商的居住用地，满足一些生活配套需求。

以Kembangan Station为例：

（1）200m范围内：基本以居住用地为主，部分居住用地拥有底层商铺，少许绿化用地；

（2）300m范围内：基本以居住用地为主，配以少许的市民与社区机构用地；

（3）500m范围内：基本以居住用地为主，极小部分居住用地拥有底层商铺，有少许小面积的开放空间用地、绿化用地，除居住用地之外的其他用地类型所占用地

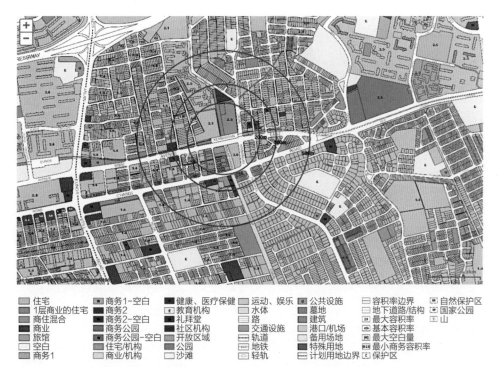

图4-31　Kembangan Station周边（300～500m）的用地性质及容积率[2]

面积特别小，基本以生活配套为主（图4-31）。

　　2）容积率控制

　　整体而言，由于该枢纽处于私人住宅中心，所以枢纽周边用地容积率较低，基本集中在1.4～2.1之间。

　　从用地性质而言，枢纽周边容积率最高的是带底层商铺的居住用地，为2.5～3.0，集中分布在枢纽周边200m半径范围内，其余是居住用地，容积率普遍都是1.4，除极小部分高层住宅以外；从离枢纽距离来看，在枢纽站点200m半径内属于最高的容积率水平，一般在2.1～3.0左右，在200～300m半径内，容积率基本都是1.4的水平，在300～500m半径内，用地性质基本全是居住用地，容积率也比较低，在1.4左右。

参考文献

[1] Singapore Urban Transport International［EB/OL］. 新加坡城市交通国际官网www.singut.sg.

[2] 新加坡市建局URA官网https://www.ura.gov.sg/uol/circulars/2001/may/dc01-13.aspx.

第五章 公交优先策略与实施

第一节 公交优先对策与措施概况

公交政策是城市交通政策的重要内容之一，从广义上讲，公交优先政策不仅仅局限在推动公交的发展，更着重控制私人机动化交通方式的增长趋势。通过法律形式和经济杠杆等多种手段调控小汽车的拥有量和使用率，新加坡在限制小汽车发展方面走在了世界前列。1990年新加坡引入车辆限量系统，要求每辆新注册的车都要有一个有效期为10年的拥车证（COE）。

车辆使用限制政策方面：从 1975 年开始，引入世界上第一个地区通行证制度；1991年开始实施周末小汽车使用计划；1995～1997 年之间，早高峰期间经过通往市中心的3条主要快速公路，必须购买拥堵收费执照；1998年开始实施电子道路拥堵收费制度（ERP）。此外，征收汽油附加税和停车费来限制车辆的使用。

从狭义上讲，"公交优先"的含义首先是路权优先、信号优先。新加坡为实现"使公共交通成为优选"的目标，在公交优先上迈出了坚实的步伐。

为了提高公共汽车的行驶速度，提升公共汽车到站时间的规律性，从1975年起，全岛已经在单向不少于3条车道、公交穿梭量大的繁华路段上设置了200km公共汽车专用道。另外，推出了让行公交车计划，设置了公交优先"B"信号灯。B信号灯是专为公交车设置的信号灯，会比其他车辆提前8～10s变绿放行（图5-1）。在2013年版的交通总规中提到，未来两年会投资$5000万用于新增30km公交专用道，在150个公交站台推行公交让行计划。另外，在公交客流量大的区域延长加宽公

图5-1 公交优先信号B-signal

交站台，增加公交站的容量，减少公交车延误，同时通勤者可以有更宽敞的空间等候和上下公交车。至2017年年底，已经实施建设了超过300个。

第二节　公交专用道设置状况与案例

公交专用道的设置目的是为了给公交车优先路权，从而提高公交服务水平和效率，最终达到提高公交分担率、缓解道路交通压力的效果。新加坡设置公交专用道的标准是：每小时至少有40辆公共汽车使用该道路，并且道路上至少每个方向有3个车道。如上所述，分为繁忙时段公交专用道（周一至周五上午7：30～9：30，下午5：00～8：00）和全天公交专用道（周一至周六7：30～23：00），在规定时间内禁止除紧急情况服务专车、警车、公共汽车外的其他车辆使用，公交车辆前部安装了硬盘式摄像头，自动抓拍擅闯专用道的社会车辆，并提交给执法交警部门作为处罚依据（图5-2）。

公交专用道的设计特点：

通过不同颜色的标线区分公交专用道的类别，黄线为繁忙时段公交专用道，内含红线的为全天专用道。

公交专用道的开始段有斜虚线以及蓝底白色的标志牌，提示社会车辆禁止进入公交专用道。中间路段，用间隔相等的黄线表明公交专用道的存在。

在距离交叉口一段距离的地方，标线由实线转为虚线，以便其他左转弯的车辆可以到公交专用道的位置等待左转弯。左转弯的车流量越大，虚线区段越长（图5-3）。

图5-2　繁忙时段公交专用道和全天公交专用道（2016年起，全天公交专用道延长至23：00）

图5-3 公交专用道开始段标线

第三节 公交收费与票务系统及服务质量评价

1. 公交收费

1) 一票到底

车资将按照所乘坐的公共汽车和地铁车程距离来计算，无论中途是否转车，最终所需支付的车资将以整个车程距离来收费，让乘客"一票到底"。

2) 差异化收费

对乐龄人士（老人）、学生、残疾人、低收入人士、国民服役军人实行优惠乘车政策，以方便"依靠"特定人群能享受到相应可负担的公共交通价格。其中，老年人的票价比普通成年人的便宜约50%，学生票价比普通成年人的便宜约70%。另外，为了鼓励新加坡居民利用一卡通乘坐公共交通，减少处理现金的成本，在定价时给予刷卡支付相当大的优惠。现在新加坡每天的公共交通出行中使用现金支付或购买单程票的比例已不足2%（表5-1）。

新加坡公共汽车票价（新币）（2017年）[1]　　　表5-1

		卡	现金			卡	现金
成年人票价 （干线公共汽车）	0~3.2km	77	140	成年人票价 （支线公共汽车）	单次	77	140
	3.3~4.2km	87	160				
	4.3~5.2km	97	160				
老年人票价 （干线公共汽车）	0~3.2km	54	100	老年人票价 （支线公共汽车）	单次	54	100
	3.3~4.2km	61	100				
	4.3~5.2km	68	100				

续表

		卡	现金			卡	现金
学生票价 （干线公共汽车）	0~3.2km	37	65	学生票价 （支线公共汽车）	单次	37	65
	3.3~4.2km	42	65				
	4.3~5.2km	47	65				

资料来源：PTC。

3）可负担的票价

在新加坡，公共交通的票价政策是确保大众的可支付性，乘坐公交或是地铁，比其他交通方式节省很多。与香港、伦敦、纽约、东京等国际化大都市比较，新加坡的公交费用相对人均收入是最低的，充分体现了新加坡公交优先的理念（表5-2）。

	不同城市的公交费用比较（2011年）[1]			表5-2
	平均乘坐 公共汽车费用	平均乘坐地铁费用	平均公交 费用/人均收入	平均地铁 费用/人均收入
新加坡	0.63	0.86	1.03	1.40
香港	1.00	1.38	2.25	3.10
伦敦	1.15	3.41	2.40	7.14
纽约	1.51	1.88	2.46	3.06
东京	2.59	2.10	4.33	3.52

资料来源：PTC.The Fare Review Mechanism Committee Report［R］，2013.

2. 票价调节机制

为了使公共交通票价更为合理，保障公共交通系统的可持续发展，新加坡政府制定了公交费价调节机制，综合考虑消费价格指数、工资指数、能源指数等因素来确定每年的费价调节（升或者降）幅度。以2015年公共交通理事会（PTC）的票价审批为例，公共交通票价调节幅度计算公式如下所示，由于能源价格降幅较大，票价整体降低了1.9%。公式与调节机制对全体民众公开①。

公共交通票价调节幅度=价格指数-0.5%=-1.9%

价格指数=0.4cCPI+0.4WI+0.2EI

cCPI：核心消费价格指数的增长率，2014年为1.9%；

---

① 详情可参阅 PTC 发布的 The Fare Review Mechanism Committee Report（2013）

WI（Wage Index）：月工资增长率，2014年为2.3%；

EI（Energy Index）：能源指数由电力、柴油价格增长率综合得到，2014年为 −15.3%。

3. 票务系统

在新加坡，98%的人乘公交都不用现金，而是通过刷EZ-link无接触式交通一卡通，普及率如此高的原因一是刷卡乘坐可以享受较高额度的票价优惠，二是拥有一张一卡通能给生活带来极大便利。具体有以下两点优势。

1）购卡、充值、查询的过程简单

EZ-link交通一卡通的购买点随处可见，除了地铁站、专门的票务站、机场等地，覆盖新加坡全岛的7-11便利店等都售卖EZ-link卡。卡的购买额为$12（新币，大约60元人民币），其中$5为工本费，可到指定场所退卡。EZ-link卡的充值点也很多，除地铁站和专门的票务站等外，还可以利用所有本地银行的ATM机进行充值。另外，可以通过扫描卡背面的二维码激活EZ-link卡，从而方便地查询刷卡记录。

2）用途广泛

在新加坡，EZ-link卡的应用极其广泛，不仅能在地铁、公共汽车、出租车内使用，在与EZ-link公司有合作的餐饮店、零售店、休闲娱乐场所也可利用其进行支付。有关汽车的电子道路拥堵收费系统（ERP）、停车收费系统（EPS）、车辆出入新加坡的支付系统（VEP）也同样支持一卡通的使用[①]。

4. 公交服务质量

在2016年服务外包模式之前新加坡有两大公共交通运营公司，分别是SBST和SMRT城市轨道交通公司，全国的轨道交通和公共汽车由这两家公司运营，自负盈亏（2016年前），自己负担公司的日常费用、运营成本、车辆维护、替换和折旧等。政府负责投资建设公共交通基础设施和购置第一套地铁营运资产。

1987年，轨道交通的开通为改革公共交通监管机制提出了新的要求和良好的机遇，新加坡交通部建立了新的法定机构，公共交通理事会（简称PTC），确保公共交通公司提供充足且高质量的服务，以及提供人们可担负的票价。

公共交通理事会和陆路交通管理局研究后提出公共交通服务素质条款规定。服务条款中关于公交运营表现，在公交服务的可靠性、满载率和安全性这三个方面提出了约束性要求，服务条款中关于公交服务标准，在乘客信息、公交可达

---

① 资料来源：http://www.ezlink.com.sg/

性、一体化服务程度这些方面提出了具体要求，具体如下：两家公交公司必须遵守条款规定，按标准提供公交服务，公共交通理事会每6个月定期审查，公交公司若不达标则需缴纳罚款。新加坡一贯以高惩罚力度来保障条款的贯彻落实，针对公交服务水平的监管也不例外，例如每月发生的事故率超标，则未达标的月份需缴纳高达$100000（新币，大约50万元人民币）的罚款。

公共交通理事会服务素质条款[①]如下：

1）可靠性

（1）公交班次运营率：每条公交线路上计划班次的运营率不能低于96%/月。

（2）发车时间：公交车离开首末站及换乘站的时间与计划发车时间的差距小于5min的比例不能低于85%/日。

（3）故障率：所有公交线路上的公交车发生故障的比例不能超过1.5%/月。

2）满载率

每条公交线路在工作日高峰时刻的满载率不能超过95%/日。

3）安全性

所有公交线路上每十万营运公里的事故发生率不能超过0.75/月。

4）乘客信息

实时公交服务信息：通过网页、公交站台及公交换乘站的信息板提供。为大间距的线路提供公交站时间表。

5）可达性

（1）公交可达性：提供全面服务的义务，400m公交覆盖率应达到100%。

（2）直达公共汽车的提供：要求HDB组屋区的邻里中心与附近的公交换乘站或地铁站；大型办公区、活动中心与附近的公交换乘站或地铁站；市镇与中央商务中心和裕廊工业区之间提供直达公交服务。

（3）公交线路运营时间：每天至少18h。

（4）公交发车间隔：分高峰期（一般不超过10min）和平峰期（一般不超过20min）对干线公共汽车与支线公共汽车（仅为各市镇提供短距离接驳服务的公共汽车）的发车间隔作出规定。

6）一体化

市镇公交服务的一体化：保证早出晚归的人们可以乘坐公共汽车或地铁回家。条例规定至少一条公交线路需要在6点前从公交换乘站/首末站发车，至少一条公交线路需要在午夜12点或者铁路运营服务结束后从公交换乘站/首末站发车，两个时间以较晚的为准。

---

① 资料来源：Public Transport Council Annual Report 2014/2015，Embracing Changes

第四节　公交枢纽、场站用地的规划和保障

新加坡在交通发展中尤其注重枢纽的建设，并通过枢纽站点对交通实施有效组织。比如，在区域中心（淡滨尼、兀兰、裕廊东）、大型组屋区（大巴窑、红茂桥、武吉班让等）、地铁交汇点一般都建有大型换乘中心，郊区的居民出行大量通过这些枢纽来完成。此外，所有组屋区都配有集干线和支线公共汽车与轨道服务为一体的换乘枢纽。

在2008年和2013年陆路交通总体规划中，新加坡提出创建以人为本的公共交通系统。从乘客角度出发，整个公共交通系统应该看作一个整体系统，而不是零散的，比如常规公交和地铁不应分开考虑。因此，换乘就变得分外重要，必须为乘客提供方便、快捷和无缝的换乘条件：尽量少的花费和时间。为了实现整个公共交通系统的一体化，新加坡陆路交通局在道路网和轨道网的基础上，基于最优化公共交通网络的原则，中央规划常规公交线网，同时对公交和地铁票价结构进行调整，实现一票到底、免费换乘。

新加坡重视常规公交与轨道交通的换乘，同时陆续打造一些高品质的空调一体化换乘枢纽，在2008年之前建成三个与商业、公共汽车和地铁结合空调一体化的综合枢纽，分别是Toa Payoh、Sengkang和Ang Mo Kio，在2009年和2011年建成Boon Lay（2009年建成）、Serangoon（2011年建成）和Clementi（2011年建成）三个一体化公交枢纽。近期又建成Bukit Panjang和Bedok综合枢纽。2020年之前将有超过13个空调一体化的公共交通枢纽（图5-4～图5-6）。

在新的勿洛枢纽，公共汽车转换站运用了空调系统，并衔接至勿洛购物广场

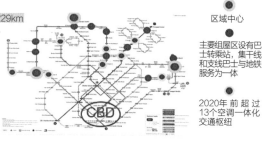

图5-4　新加坡一体化公共交通枢纽分布图

图5-5　Boon Lay公共交通枢纽站

图5-6　Serangoon公共交通枢纽站

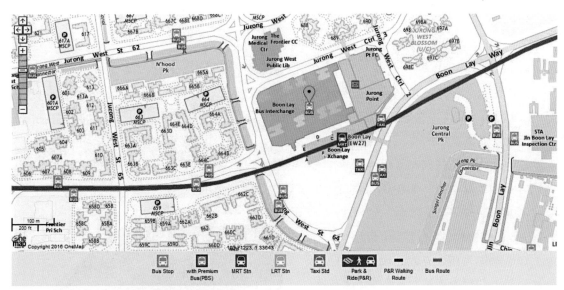

图5-7 文礼Boon Lay公共交通枢纽站周边地图

（Bedok Mall）和勿洛地铁站，乘客可在换乘下一班公共汽车或地铁前买一杯饮料、吃饭或者购买生活用品，还无缝结合了枢纽上盖的公寓洋房。建造综合交通枢纽是新加坡政府为了改善乘客的乘车体验建造的，这个占地达16000m²的综合交通枢纽是新加坡最大的空调换乘枢纽之一，它设有10个上车的车位和5个下车的泊位，同时还配备了无障碍设施，专门的登车点以及路旁的留沿，来方便坐轮椅的乘客上车。目前，从勿洛运营的公交服务线路约有30条，是一般换乘站的2倍，每天可服务约4万名乘客。

以文礼Boon Lay枢纽站为例，该站位于新加坡西部的工业区，是新加坡最大的空调综合性公共汽车转换站，占地2万m²，共设置19个公交车停车位，日均5.5万人使用，服务30余条线路，其中19条干线、5条接驳支线、7条区内线和1条快线。文礼枢纽与临近的文礼地铁站整合在一起，服务了大片区域的乘客，包括南洋理工大学的学生和教职工，以及来自裕廊工业区和大士工业区的工作人员（图5-7）。

第五节　公共交通换乘与接驳

新加坡着力发展门到门便捷和无缝衔接的公共交通服务，为各种交通方式提供优质便利的换乘条件，公交换乘站与地铁站一体化整合设置，两侧道路设置出租车和上下客站点，并通过P&R Walking Route连接临近停车场。

新加坡政府着力建设无缝整合的交通枢纽。住宅楼盘、商业购物与轻轨、地铁、公交、出租车相互衔接，实现交通方式一体化、设施一体化和生活方式一体化，出行距离和时间大幅缩短。

在新加坡，政府还建设了大量有盖廊道，以实现第一/最后一公里的无缝衔接。

新加坡强调枢纽的多元模式转换，实现地铁、轻轨、公共汽车、出租车等多种交通方式的无缝衔接。如在新加坡最大的地铁换乘站——多美歌站，地下3～5层为3条交汇地铁线的站台层和营运大厅，地上10层则作为商业开发，设有商场、办公楼、超市和饮食中心等。同时，新加坡将大量出租车候客站点设在商业中心、宾馆、医院等建筑门口，但通常不允许设置在主干道上的门口，以免造成交通拥堵，通过对土地集约利用来提升交通设施的承载能力。

图5-8　公交站点精细化设计

新加坡公交站点紧密结合居民区、步行设施、交叉口进行精细化、人性化的交通设计，提供舒适的候车环境，同时大量采用有盖廊道联系周边建筑，避免乘客日晒雨淋，提高公共交通吸引力。此外，地铁站点与自行车停车场一体化设计，以此提高公交站点二次吸引范围（图5-8～图5-10）。

图5-9　地铁站点与自行车一体化设计

免费换乘：

新加坡自2010年开始实行一票到底、按里程收费的机制，换乘免费（2h内最多换乘5次），鼓励乘客多换乘，以节省乘车时间和

图5-10　轨道站点与公交一体化设计

费用。所有的公共汽车车辆都安装自动的车辆定位识别系统，提高车资计算的精确性，并可通过分析从公共交通一卡通及定位系统中获取的数据，更好地规划、优化公交线网。乘客上、下车时各刷一次卡，收费系统自动计算车资并从卡中扣除相应的费用。实施免费换乘后，乘客的出行选择将更加灵活，很多人的出行费用也有所减少，公交网络也可以更优化，减少重复低效的线路，提供成本效益。

第六节　轨道交通规划与建设

新加坡具有地铁、轻轨、地面公交和出租车的多层次公共交通服务模式，不同方式和线路之间优势互补、运营商适度竞争，确保公共交通运输效率的充分发挥。其中，地铁系统是新加坡公共交通系统的骨干，基本覆盖主要高密度地区，承担了连接主要地区间重要交通干线上的大部分客流，保证了整个交通系统宏观运行的效率和可靠；轻轨系统是地铁系统的补充和拓展，主要用于连接地铁车站与组屋区内的各个邻里，为地铁网络提供客流供给；公共汽车系统的主要作用是承担没有地铁服务区域的交通和中短距离出行，并为地铁网络提供客流供给和网络完善服务；出租车系统用于填补公共交通与私人交通间的空白，满足市民个人化、特殊的出行需求，是构建完整的公共交通体系不可或缺的部分。通过建立多层次的公交服务模式，满足了乘客多样性的服务要求。

在20世纪70年代新加坡开始轨道交通的可行性研究。经过近10轮不同外国专家团的研究和论证，以及电视和国会辩论，80年代初开始建设轨道交通，成立Mass Rapid Transit Corporation（MRTC）监管轨道交通网络的建设，同时成立轨道交通运营公司。1987年起开通第一期轨道交通线路：东西和南北线（East-West Line，North South Line）。共开通5条地铁和3条轻轨线路，全长229km，高运量地铁线路为南北线（NSL）、东西线（EWL）、东北线（NEL），中运量线路为环线（CCL）、市区线（DTL），日客运量近300万人次。[1]

新加坡地铁线路贯穿整个新加坡，覆盖了新加坡绝大多数的商业区、住宅区、工业区、旅游景点以及学校等，同时连通樟宜机场和其他公共交通枢纽站，是多线路多制式联运的公共交通一体化系统的重要组成部分，为新加坡超过70%的人口服务，是居民重要的出行方式之一。

规划将建设3条全新的地铁线，同时延长目前已有的3条线路，计划在2030年以前，使地铁的总长度达到360km，网络密度提升到每百万人口超过50km（图5-11~图5-13、表5-3）。

图5-11　轨道交通建设时序

图5-12　轨道交通现状线网图

（资料来源：陆路交通管理局）

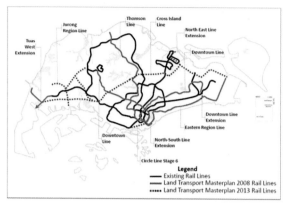

2013年LTMP规划中轨道网络的扩展

图5-13　2030年轨道交通规划线网图

（资料来源：陆路交通管理局）

轨道交通运营车辆加大投入计划[1]　　　　表5-3

轨道线路	目前车辆数	增加车辆	年份	车队大小增长率
南北线和东西线	128辆	13辆	在2014年	30%
		28辆	从2016年	
北-东线	25辆	18辆	从2015年	70%
环线	40辆	24辆	从2015年	60%
武吉班让轻轨	19辆车厢	13辆车厢	从2014年	70%
盛港和榜鹅轻轨	41辆车厢	16辆车厢	从2016年	40%

第七节　轨道交通建设标准与建设时序

（1）列车自动控制技术（ATO）。在2003年6月，新加坡耗资26亿美元，建成世界上第一条全自动控制、无人驾驶、钢轮的地铁线路——东北线，线路长度为20km，成为新加坡交通史上的里程碑。该线最初是由阿尔斯顿公司提供的25列，6节编组的Metropolis型全自动地铁列车。该线路每小时单向客运量可高达4万人次，且不需要任何人操纵列车的运行、开关门。目前，东西线和南北线共有3种车型，为750V三轨受电方式。列车为6节编组，A型车，采用列车自动控制技术。

为达到更高的发车频率，减少乘客等车时间，2018年完成的南北线和东西线的信号系统将更新提升，届时将把早高峰的发车间隔从120s降到100s，10min内通过车辆从5辆提高到6辆，运送能力将提升20%。对于乘客也将有更好的出行体验，比如更短的等候时间、减少拥挤等。对于郊区线路，通过增加列车和优化信号系统，运送能力将增加110%。在非高峰期也将增加发车班次，将发车间隔减少到5min以内。[2]

（2）轨道站点用地综合开发。注重多种交通模式相互结合且具有多种功能的枢纽站。除作为交通站点外，将开发住宅用房和购物商场，通过轨道站点周边用地的综合一体化开发，将方便乘客在不同交通模式之间换乘，从而鼓励公众使用公共交通出行，同时有助于繁荣商务、保护环境、方便居家和促进旅游业等。

（3）轨道站点预留衔接空间。东北线开通时，沿线已经建成了16座车站，但其中的Bangkok车站延迟使用，因该车站临近地区尚未开发，车站周边400m以内的空地目前在开发中。在新的住房建设等开发建设后才使用该站点，提前预留控制衔接可能，在轨道交通建设之初预留与周边建筑衔接的条件，保障无缝衔接，比如在周边商业建成后可以在不影响地铁结构的基础上实现一体化的连通，包括二层连廊、地下通道等。

参考文献：

[1]　新加坡陆路交通管理局 https：//www.lta.gov.sg.
[2]　新加坡市建局（URA）官网https：//www.ura.gov.sg.

第六章　以人为本的交通规划及交通设计

第一节　步行与自行车系统现状

舒适、安全、便捷的步行系统是新加坡以人为本的交通规划与交通设计的亮点，人们习惯于从地铁站和公交站步行到家。

相比于步行系统在新加坡受到的重视，自行车在新加坡很多年来是边缘化的存在，近几年才大力提倡自行车出行，并将逐步完成700km的全国自行车专用道网络。多年来，由于气候和历史原因，人们把自行车当成健身工具而不是交通工具，据统计，自行车出行占全方式出行次数的1%～2%。除了连接新加坡大小公园的公园连接道外，新加坡全岛的道路设计都没有考虑设计自行车道，所有的道路只有机动车道和人行道两种。虽然人行道宽度有限，非电动自行车还是可以进入人行车道骑行。目前，新加坡已完成超过400km的自行车专用道，正积极在市中心内，衔接市中心的主要交通走廊和超过10个组屋区，建设更多自行车专用道。

第二节　绿道设计原则、方法与案例

本节主要参考张天洁的《高密度城市的多目标绿道网络——新加坡公园连接道系统》撰写，以及结合笔者新加坡实地调研，总结了东北河岸环线绿道（North Eastern Riverine Loop）案例。

1. 绿道定义

1990年代以来，绿道是城市规划、景观生态学、景观设计和保护生物学等多个学科交叉的研究热点和前沿。据利特尔（Charles E. Little）的定义，绿道是一种线性开放空间，或沿着水滨、河谷、山脊线等自然廊道，或沿着运河、景观道或废弃铁路线等人工陆路建设。它的宽度各异，相互连接构成绿道网络，常用于连接公园、自然保护区、历史遗迹及其他类型的保护用地。

2. 新加坡绿道规划

新加坡人口密度近8000人/km²，但却享有"花园城市"的美誉，这与其多层次的绿色开敞空间规划和有效管理密不可分。自1980年代末起，面对人口迅猛增长和城市化加剧，新加坡政府着手规划并逐步建设了公园连接道系统（Park Connector Network，简称PCN），以增进绿色空间的可达性。这一系统连接着人口密集区、主要公园、自然保护区、名胜古迹及其他自然开敞空间，使公众能够通过无间断的绿色网络探索全岛。它可以归为绿道的一种，现已建成300km，近8倍于新加坡国土的长度，为使用者提供了绿廊网络、各类景观、不同距离休闲的丰富选择，是新加坡打造"花园里的城市"（City in a Garden）目标的重要举措。

这一连接公园的绿道网络的设想之所以能获得新加坡政府许可，是因为该项目通过优化利用排水道缓冲区使额外的土地征用降至最低。经调查发现，留作排水道缓冲区的土地非常适合于用作绿道，它们紧靠沟渠，相对未开发，被认为经济潜力低。其原有的用途是为排水道的定期清淤提供场地，这在雨季来临时尤为重要。如果合理规划，这些排水道缓冲区可以变得凉爽、宁静和安全，适合休闲娱乐活动。兼作绿道能使建设费用更加有效，并促进现有娱乐点的使用。另一方面，这些绿道连接着自然保护区、大公园和海滨地区，可以增进环境的生物多样性，发挥生态效益。沿途栽植生长迅速的树木可以提供阴影，营造自然树林的氛围。这些树木优于精美的灌木和花床，当成熟后能够提供连续的荫蔽，便于鸟类及其他野生动物活动。

全岛范围的公园连接系统以新加坡"环形城市"概念规划为基础，中部集水区经由11条主要河道及其支流连接着沿海边缘区，这使前述沿排水道缓冲区规划绿道的设想合乎逻辑。但并非所有的排水道缓冲区都用作绿道，主要取决于其与公园的邻近度和能获得的连续的土地总量。此阶段并未考虑社区服务，但新加坡本岛高密度的城市开发将保证大多数的绿道能够临近居住区，满足居民的休闲需求。由于前述河流并未相互连通，滨河绿道因此需要通过道路保留区（行车道旁的空间）、海滩保留区和轨道交通设施（大众捷运系统的高架桥）下的待开发用地来相互联系，形成遍及全岛的绿道网络。

1）基于排水道缓冲区的绿道

基于排水道缓冲区的绿道需要符合公用事业局的要求，因此公用事业局和国家公园局联合制定了如下准则：绿道应该包括至少4m宽的自行单车径及慢跑道，在排水保留地的外缘布置2m宽的种植带（图6-1）。这一最小宽度是为了允许维护车辆通行以维修沟渠、排水管以及维护绿道。

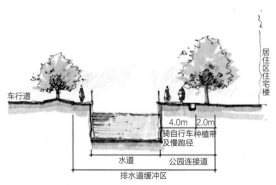

图6-1 基于排水道缓冲区的公园连接道断面图

（资料来源：张天洁. 高密度城市的多目标绿道网络——新加坡公园连接道系统［J］. 城市绿色化研究，2013（5））

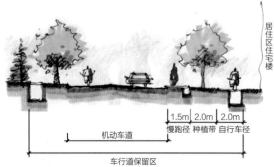

图6-2 基于车行道保留区的公园连接道断面示意

（资料来源：张天洁. 高密度城市的多目标绿道网络——新加坡公园连接道系统［J］. 城市绿色化研究，2013（5））

2）基于车行道保留区的绿道

排水道缓冲区之外，绿道选线还进一步利用了车行道保留区。它一般由车行道及其两侧的路侧带组成。路侧带宽度各异，但通常包括排水暗沟上的步行道、行道树栽植带、服务性边沿。国家公园局计划利用已有的步行道作为慢跑径，而服务性边沿兼作自行车径。车行道保留区属陆路交通管理局管辖，经合作研究提出了绿道的基本类型，建议步行道至少宽1.5m，自行车径宽2.0m，栽植带宽2.0m，窄于5.5m的路侧带不适合建设绿道。为保证连续性，绿道在道路交叉口设置交通信号灯、地下通道或人行天桥等，具体形式取决于场地和交通条件（图6-2）。

3. 协调机制

为确保连通性，政府成立了专门的工作小组，其成员来自土地管理和实施的各个部门，如陆路交通管理局、交通警察局、建屋发展局、镇政府、市区重建局、土地管理局等，相互合作制定所辖范围的绿道发展原则。花园城市行动委员会也参与进来，协调解决各种矛盾，由其执行部门国家公园局直接负责绿道系统的发展和维护。

4. 案例：东北河岸环线绿道

Punggol是新加坡26个市镇之一，高容积率的住宅与其他组屋区并无二致，令居住在这的人们惊喜的是有一条河流从组屋区蜿蜒而过，给整个市镇带来了活力。这个水道工程体现了新加坡政府为打造宜居城市而作的努力，基于已有的Punggol和Serangoon水库，在它们之间建立Punggol Waterway水道，使得住在组屋区的居民可以滨水而居。在水道旁边，铺设了供人们骑行、跑步的绿道，与滨水绿道一起构建出东北河岸环线绿道。

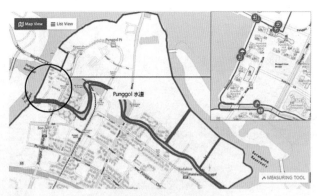

图6-3　东北河岸环线绿道公园连接道实景图　　　图6-4　东北河岸环线绿道公园连接道设施布局

东北河岸环线绿道形式多样，如图6-3所示，A是沿着水道的绿道，人行道和自行车道共板，人行道用彩砖铺装，自行车道路面使用的是沥青材质。B、C处的绿道形式也并不相同，C处则是没经过铺装的自然简单的步行道。

绿道设计之初并没有提供额外的便利设施，但实践表明居民不太满意没有常见公园设施的绿道，这些反馈促使了绿道设计的再思考。以东北河岸环线绿道为例，公园连接道上的便利设施很齐全：①为了满足漫步、锻炼者的基本需要，沿途合理布置卫生间、饮水点和餐厅；②考虑到新加坡湿润多雨的气候，沿河岸的部分绿道段建设遮阳避雨的有盖廊道；③全线有绿道指示系统，从居住区衔接到绿道的出入口有标志牌；④考虑到居民的休闲娱乐需要，零星布置BBQ、羽毛球、健身区、玩沙区等设施；⑤有便利的交通配套设施，如自行车停车处和公共自行车租赁点（图6-4）。

第三节　有盖走廊设计原则、方法与案例及协调机制

新加坡1980年代末地铁开通时就开始兴建衔接主要居住区和公共交通站点的有盖廊道。陆路交通管理局的一位管理顾问曾说过："如果我们将有盖廊道视为交通系统的一部分，那就意味着交通系统从我家门口开始直达我工作的场所。"新加坡属于热带海洋性气候，高温多雨，走在路上的人们冷不丁就要受到大雨的洗礼。给步行空间加了上盖的有盖廊道使人们能够舒舒服服地步行到附近的交通枢纽。

1. 有盖廊道规划

陆路交通管理局自2008年起，每五年制定一次交通发展总蓝图，立足现状，展望未来10～15年的交通发展。其中，有盖廊道的大力扩展计划已纳入2013年的

图6-5　连接Kembangan地铁站与附近巴士站台的有盖廊道
（资料来源：Land Transport Master Plan 2013）

交通发展总蓝图中。陆路交通管理局于2013制定了Walk2Ride计划，通过提高交通枢纽点（如地铁站、轻轨站、公共汽车换乘站）与交通发生吸引点（如学校、购物中心、小区）的连通性，鼓励通勤者采用步行加公共交通的方式出行。当前，有盖廊道的覆盖范围是地铁和部分公共汽车站点的200~400m半径范围，将交通枢纽与学校和医疗等机构连接在一起。2018年在现有的有盖廊道步行系统的基础上，完成建设200km，建设长度等于早年已建成的5倍以上。有盖廊道的布局原则[2]：

（1）将地铁站与400m半径范围内的交通发生吸引点相连接，如学校、医疗机构、公共设施、办公楼和住宅。

（2）将公交换乘站、轻轨站点与200m半径范围内的交通发生吸引点相连接。

（3）将利用率高的巴士站点与200m半径范围内的交通发生吸引点相连接。

根据Walk2Ride计划要求，为了照顾行动不便的老人，有盖廊道会提供休闲座椅，并在衔接处提供无障碍通道。另外，沿途安放指引标志、行人线路地图等，方便人们快捷地寻找到目的地（图6-5）。

2. 有盖廊道与周边商业开发的结合

市区重建局在卖地的时候，就把连廊的技术限制作为附加条件写进去了。商场需要出资建设自己与地铁站、出租车站、公共汽车站连接的有盖廊道。规划及建设方案都是由开发商自己拟定，但是需要陆路交通管理局审批。在审批制度的保障下，连接商场与枢纽站点的有盖廊道与商业建筑的外立面风格和谐统一。另外，值得一提的是，在保障步行空间的前提下，商场对于有盖廊道的空间利用也有相当的自主权。如图6-6所示，有盖廊道里开了面包店、奶茶店等小型店铺，带来商业利益的同时方便了上班族。

图6-6　Paya Lebar地铁站与周边商场相连的有盖廊道

（资料来源：Architectural Design Criteria, LTA）

3. 有盖廊道设计准则

（1）应连接在公交车或出租车候车亭的尾部，减少对道路红线的侵占。

（2）不遮挡公交站的站点名称、站牌或是出租车停靠标志。

（3）立柱需安置在远离车道的一侧。

（4）与地铁、轻轨站点或是其他大运量线路连接时，净宽不小于3m，其他地方净宽不小于1.5m。

第四节　自行车专用道设计原则、方法与案例

1. 自行车专用道规划

新加坡正逐步在所有市镇建立自行车道网络，使得居民可以骑行到达交通枢纽和一些主要设施，如社区中心、餐饮中心、图书馆、学校、超市等。作为全国自行车计划的一部分（National Cycling Plan），目前已有近10个组屋市镇，包括Ang Mo Kio、Tampins、Sembawang、Bedok、Jurong Lake District等已完成自行车专用道网络。计划在2020年完成总长度达190km的自行车道。远期，26个市镇都会拥有完善的自行车道网络，居民们可以安全地骑车前往地铁站和邻里中心（图6-7）。

为了提高自行车网络的使用便利性，陆路交通管理局与园林局和市建局协商，将自行车道的信息板放置在主要的交通枢纽点和建筑旁，给骑行者指明方向。另外，在建设自行车道路的同时，施划自行车过街横道，将行人过道与自行车过街横道分离以保证过街安全（图6-8）。

图6-7　自行车网络的可达性示意图

资料来源：Land Transport Master Plan 2013.

图6-8　自行车专用道示意图

2. Tampines市镇案例

Tampines的自行车道路系统是新加坡市镇自行车道系统的先行者，有着示范性作用，有三个特点：

（1）自行车道路系统与公园连接道系统紧密结合，无缝衔接，满足居民的健身、休闲需求。

（2）自行车道路系统将会在市镇内构建完整的网络体系。通过增设或延长自行车道，使现有的自行车道互联互通，打通微循环，满足可达性与通行效率需求。

（3）自行车道一般紧邻现有道路建设，有硬隔离分开机动车道与自行车道，满足安全性需求（图6-9）。

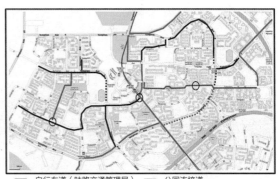

—— 自行车道（陆路交通管理局）	—— 公园连接道
····· 未来自行车道	---- 未来公园连接道（2014年）
---- 自行车道（Town Council）	○ 自行车过街横道

图6-9　Tampines自行车道系统[2]

第五节　行人安全设施设计原则、方法与案例

在新加坡，在马路上行驶的车辆多，速度比较快，但行人过街仍十分安全，究其原因与行人过街设施的设置原则有关。不像中国，新加坡人行横道不跨越多条机动车道，所以不能设置在主干道上，而通常是位于车流量少的支路上，尽量使行人过街距离短。如图6-10所示，人行横道在设计上进行了抬高，特别显眼，有效降低车速，提升行人安全。另外，从主干路转弯进入次干路的地方，设置了一小段安全岛，通过将次干路两方向分隔开迫使进入次干道的机动车降低车速。

新加坡快速路是全封闭的，行人跨越快速路是通过行人天桥或者地下通道完成。遇到必须跨越主干路的需求，一般会设置行人天桥、行人地下通道或配有信号灯的人行横道。新加坡有超过2000个绿信号人行横道，55个行人地下通道和530个行人天桥。同时，为提升老人过街安全，有1000个绿信号人行横道已添置绿信号延长按钮。如图6-11所示，老人或者残疾人需要先在按钮上方刷自己的交通一卡通，然后按下绿信号延长按钮，行人过街信号灯的绿灯时间会延长3~13s。

行人地下通道，不同于中国地下通道的阴暗环境，新加坡的地下通道是新加坡历史和艺术的展示空间，多彩而明亮的灯光使得夜归的人们在地下通道中行走也能有安全感，为了照顾到残疾人、老人的行走，上下通道是无障碍设计，用长长的缓坡代替台阶（图6-12）。在行人天桥方面，为了应对老龄化社会的交通需求，陆路交通管理局决定在2018年之前在大约40座行人天桥增设电梯，为老年人打造方便的

图6-10　路面抬高的人行横道

图6-11　为老年人特别设计的绿信号延长按钮

图6-12　行人地下通道

图6-13　Eunos组屋区门口的斜坡和标线

过街通道。选定的地点为：

（1）在地铁站、公共汽车换乘站/综合公共交通枢纽200m范围内的行人天桥；

（2）在加长型公共汽车站和轻轨站100m半径范围内的行人天桥；

（3）在综合诊疗所、医院、疗养院和特殊儿童教育学校等100m范围内的行人天桥。

除了道路上的行人安全设施，学区、老人区和高密度居住区也设置了一些设施保障行人的安全。图6-13所示是组屋区门口的斜坡，黑黄相间的条纹和抬高的道路提醒司机进入居住区，需要减速慢行。

第六节　停车设施设计原则、方法与案例

停车设施的设计原则和方法可查阅陆路交通管理局颁布的停车位供应导则（Code of Practice for Vehicle Parking Provision in Developments（2011））。提出了以下几方面的规范：

（1）各种用地性质对应的停车位数量；

（2）停车位、转弯过道、进出口道、停车场过道的最小尺寸；

（3）一些特殊情况，在这些情况下陆路交通管理局有权豁免费用等。

停车位数量配置标准规定了各种用地性质所对应的最少停车位数量，开发商需要根据不同性质的土地配置停车位，使得回报率高且满足停车位需求。一旦由于土地性质变化而导致停车位数量不能满足配置标准，开发商需要为每个缺失车位缴纳罚款。清晰明了的车位配置标准结合严苛的监管和罚款措施，保证了新加坡停车秩序的良好，从源头上避免了停车位不足的现象。

决定停车位的数量的根本要素是建筑面积，影响因素有用地性质、所处的不同区域。新加坡全岛分成3个区域，区域1包括市中心限制区和Marina Bay，区域2包括地铁站400m半径范围内的地方，其余地方为区域3。用地性质、所处区域不同，则单位面积所需要的车位数量不同。值得一提的是，为了避免货车乱停的现象，新加坡的停车规定中还涵盖了对装卸货车停车位数量配置的要求（表6-1）。

各用地性质的停车位数量配置标准[3]　　　　　　　　　　表6-1

使用类型	最少停车位数量
1.0居住区 公寓，非公寓，服务楼和家庭办公室	每个居住单元1个停车空间
2.0商业 （1）办公室	区域1：每450m²1个停车空间
	区域2：每250m²1个停车空间
	区域3：每200m²1个停车空间
	所有区域：每10000m²1个装载或卸载空间（最多50000m²）
（2）超市或零售商店	区域1：每400m²1个停车空间
	区域2：每200m²1个停车空间
	区域3：每150m²1个停车空间
	所有区域：每4000m²1个装载或卸载空间
（3）饭店、夜店、咖啡厅、酒吧、餐厅	对于1楼150m²以下的 所有区域：每150m²1个停车空间
	对于1楼150m²以上的 区域1和2：每60m²1个停车空间
	区域3：每50m²1个停车空间

具体算例：获取开发商地块的用地性质构成、面积、所在区域的信息后，根据停车位数量配置标准进行车位数计算，然后四舍五入得到需要提供的汽车停车位数量和装卸货停车位数量（表6-2）。

停车位数量具体算例[3]　　　　　　表6-2

使用类型	总面积（m²）	停车位标准	需要的停车空间		需要的装载或卸载空间	
			计算	需要	计算	需要
超市	201089	区域3 每150m²1个停车空间 每4000m²1个装载或卸载空间	10.7~13.4	11~13	0.5	1
办公室	75950	区域3 每200m²1个停车空间 每10000m²1个装载或卸载空间（最多50000m²）	3.0~3.79	3~4	0.07	0
饭店	42590	对于1楼150m²以下的每150m²1个停车空间 对于1楼150m²以上的每50m²1个停车空间	5.50~6.5	5~7		
总数			19~24		1	

表6-3、图6-14所示是停车位和停车场过道的最小尺寸及示意。

停车场过道最小尺寸　　　　　　表6-3

停车角度	单向通道		双向通道
	单侧停车	双侧停车	单侧或双侧停车
平行道路	3600mm	3600mm	6000mm
30	3600mm	4200mm	6300mm
45	4200mm	4800mm	6300mm
60	4800mm	4800mm	6600mm
90	6000mm	6000mm	6600mm

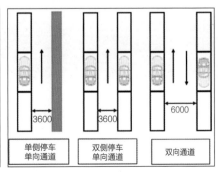

图6-14　停车位和停车场过道的最小尺寸[3]

参考文献：

［1］张天洁. 高密度城市的多目标绿道网络——新加坡公园连接道系统［J］. 城市绿色化研究，2013
　　（5）.

［2］新加坡陆路交通管理局 https：//www.lta.gov.sg.

［3］Code of Practice for Vehicle Parking Provision in Developments［Z］, 2011.

第七章　交通拥堵收费

在1975年，新加坡实行了世界上第一个拥堵收费方案，向进入市中心限制区道路的车辆收取拥堵费，称为区域许可计划（Area Licensing Scheme, ALS）。该计划后来扩展到主要快速路的道路收费计划（Road Pricing Scheme, RPS）。1998年，也是世界首创的电子道路拥堵收费系统（Electronic Road Pricing，ERP）取代了人工的ALS和RPS。

第一节　ERP系统概况

电子道路拥堵收费系统，是新加坡实行的一项治理交通堵塞的决策。ERP采用无线电技术自动化系统，在交通繁忙时段对进入特定路段的车辆进行收费，从而降低对上述道路的使用需求，缓解交通堵塞[1]。

1. 系统构成

ERP 主要由三部分构成：车载单元（In-vehicle Unit, IU），ERP闸门（ERP Gantry）和控制中心（Control Center）。

1）车载单元

ERP 车载单元（图7-1）是每辆新加坡车辆必须配备的装置，用于链接插入其中的充值卡（Ez-link Card or Cash Card）与ERP系统。

新加坡拥堵收费针对不同车辆类型实行不同的收费标准，同时使用车载单元也不同，就外观来看车载单元的颜色不同。车载单元上有一个槽用来插入充值卡，在车辆通过ERP闸门的时候，会自动从现金卡里减去相应的实时拥堵费用额。

图7-1　车载单元例图[2]

同时，新加坡陆路交通管理局的管理中

心有一个车载单元数据库。在车载单元数据库中，每个车载单元号同其所在车辆的车牌号对应，以实现智能的收费管理及远程操作等。

2）ERP闸门

ERP 闸门（图7-2）是设置于特定路段的感应系统，会显示当时过路车辆所需缴纳的费用并从各车辆车载单元的充值卡中扣除相应金额。此拥堵费由ERP系统的预设收费表自动操作，每半小时为一个收费段。收费表的制定根据不同路段的拥堵情况，每3个月调整一次。

ERP闸门的主要功能：自动交易扣费、自动车辆身份识别、自动车辆类型判别、违章车辆抓拍等。

3）控制中心

ERP 控制中心坐落在陆路交通管理局的办公大楼里，保持 24 小时运作，主要功能包括违章处理、财务结算、远程监控、统计报表以及系统错误的监督与纠察等。

2. 系统规模

目前，已设置ERP闸门78个，主要分布在市中心内，进入市中心的主干道和快速路上，如图7-3所示。早在1998年未正式实行ERP系统时，97%的车辆就已经免费安装了车载单元，而在1998年9月1日以后，所有的注册的新车都得自行付费（120新币一个车载单元和30新币安装费）安装车载单元，但不是强制性的。不过基本全部车辆都安装了车载单元，实现了全国覆盖。

3. 系统特点

ERP系统采用有源、支持IC功能的车载单元，使用2.3～2.4G微波通信频段。系统使用了专用的短程无线电通信技术来实时扣除通过ERP闸门的车载单元的拥堵费额，这种"Pay-as-you-use"原则使得司机更加意识到真正的驾驶成本，从而优化道路的使用。

图7-2　ERP 显示牌例图（ERP费率和时间）[3]

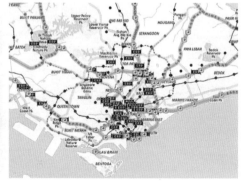

图7-3　新加坡ERP闸门分布图[4]

同时，整个系统充分考虑冗余设计，系统失误率非常小、稳定性强，如表7-1所示。通信线路为双线备份；ERP应用系统为双机热备，ERP管理系统和ERP摄像执法监控系统为双机冷备；整个ERP系统在另外的物理地址设置了灾备系统。

系统错误和违法行为占据每月交易的百分比 表7-1

年份	1998年	2001年	2003年	2010年	2013年
系统错误率	0.18%	0.06%	0.05%	0.05%	0.05%
违法行为	0.39%	0.47%	0.49%	0.50%	0.43%
系统可靠性	99.9%	99.9%	99.9%	99.9%	99.9%

第二节 ERP当前实施方案

1. ERP实施范围及时间段

新加坡在其最拥挤的市中心区域周围设置收费界限，称为限制区（Restricted Zone, RZ），如图7-4所示，该区域面积为720万m²。通往限制区的入口处安装了ERP系统，在工作日的7：30～20：00，除部分免收的紧急事故处理车辆（警车，消防车和救护车）以外，所有进入该区域的车辆都需要缴纳拥堵费。

在限制区域的范围之外的路段，也增设ERP闸门，如所有的快速路和通往市中心比较拥堵的主干道上，如图7-4所示。这些闸门通常仅在工作日的7：30～9：30以及17：30～8：00时段收费。

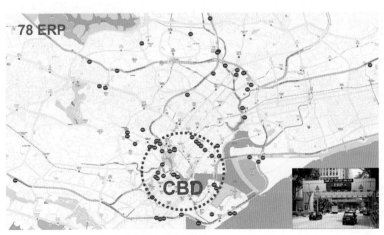

图7-4 新加坡ERP系统全覆盖的控制区[5]

2. ERP系统的工作原理

ERP闸门的构成：

每个ERP闸门由2个构台组成，第一个构台安装了天线和照相机，天线用以传输询问信息寻找车载单元的反馈，照相机用以当车辆出现违法行为或技术问题等未能正常扣费时拍车辆的后面车牌号码；第二个构台安装了光学传感检测器和天线，光学传感检测器可以探测通过车辆的宽度，以此来验证车辆的等级与车载单元等级的一致性。天线可以再次与车辆的车载单元通信，两次天线及光学传感器探测的信息一致，就直接从现金卡里扣除实时的拥堵费额。如图7-5所示。

图7-5　ERP闸门构台实拍图

3. ERP实时收费工作流程

车辆经过ERP闸门实时扣费，其工作流程如图7-6所示。

1）车辆驶入

第一个构台上的天线检测到车载单元，在离天线10m的范围内与车载单元通信。

2）要价

天线1开始检测车载单元的有效性，确定车载单元的等级及相应扣除的拥堵费额，并上报给检测控制器。

3）计费

在两个构台之间，车载单元从现金卡里扣除相应的拥堵费额，得到一个计费证明。

4）核实

当车辆通过第二个构台的光学传感检测器时，检测车辆的宽度，核实与车辆的车载单元等级是否一致。同时，天线2也与车载单元进行通信来核实缴费的成功与否。

5）拍车牌号

倘若出现未能正常缴费、违法车辆、技术问题等，就启用第一个构台上的照相机进行车牌号抓拍，并将此信息上传到控制中心处理。为保护隐私，只抓拍后面车牌号码。

6）车辆驶离

针对ERP闸门上传到控制中心的未能
成功扣除拥堵费额的相关违章行为、系统
错误的监督与纠察，控制中心会统一根据
抓拍的车牌号进行罚单派寄处理。

4. ERP II的愿景

新加坡政府已经通过国际招标和现场
测试，正在建设使用全球导航卫星系统
（GNSS）的无闸门第二代ERP系统。2020
年开始实施的GNSS-based ERP Ⅱ系统，
将不仅克服高成本和不灵活的物理闸门的
局限，也能够支持基于距离征收拥挤收费
方案，这样更加公平、高效。

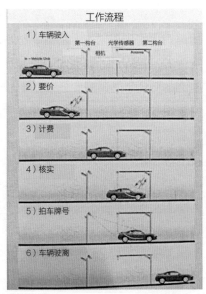

图7-6　车辆经过ERP闸门工作流程[6]

第三节　ERP的收费对象、收费费率的确定方法及动态更新机制

1. 收费对象

新加坡的ERP系统向所有的车辆收取拥堵费，包括小汽车、出租车、货车、公
共汽车、摩托车。但由于紧急公共服务性质，消防车、警车、救护车是免征收拥堵
费的车辆类型。

2. 收费费率的确定及动态更新机制

ERP系统向车辆收取的拥堵费用反映了由于车辆使用道路所增加的他人出行
成本，这一成本根据道路的状况（车流速度）而动态变化并可通过网络查询。

1）动态更新机制

ERP系统的收费费率自1998年9月每3个月评估一次，根据收费路段车流速度的
85%分位数速度制定。费率是以半小时作为一个收费时段。

该分位数速度根据检测到的车辆速度确定。这些检测车辆由超过10000辆配有全
球卫星定位接收器的出租车组成，配备的接收器主要用于出租汽车公司调度出租车。

2）收费费率的确定

调整ERP费率使交通处于既不拥挤又不致出现道路时空资源没有充分利用的状

态，目标是使道路处于一个最优化的服务水平。

根据新加坡南洋理工大学运输研究中心的速度—车流量曲线研究成果，确定快速路最优化车辆速度范围应是45～65km/h，市中心限制区主干路上的速度范围应为20～30km/h，都是相应服务水平E（LOS E）的速度范围。若在收费路段上检测的85%分位数速度分别低于45km/h或20km/h，则相应的半小时时段的ERP费率将增加。同样地，相应速度分别高于65km/h或30km/h时，ERP的费率将下调，甚至降到零。

每3个月一次的费率调整公布于众，最终驾车人士的行为决定了ERP的费率[7]。

（1）拥堵费率同时也取决于车辆的类型

①汽车、出租车和轻型货车——1乘用车单位（pcu）；

②摩托车——0.5乘用车单位；

③重型卡车、小型公共汽车——1.5乘用车单位；

④重型货车、大型公共汽车——2乘用车单位。

（2）收费费率

针对1单位乘用车，根据每半小时检测的85%分位数速度，其费率如下：

①在快速路检测85%分位数速度低于45km/h（或市中心限制区主干道85%分位数速度低于20km/h）：

收费费率=之前基数费率+1新币

②在快速路检测85%分位数速度高于65km/h（或市中心限制区主干道85%分位数速度高于30km/h）：

收费费率=之前基数费率-1新币

各类型车辆再乘以相对应的乘用车单位即得到相应的拥堵费额。

第四节　实施效果分析

车辆配额制增加了人们购车的固定成本，ERP系统则增加了使用车辆和道路的可变动成本。通过两者的结合，新加坡政府有效地进行了对交通需求近期和远期、静态和动态的调控，有力地保证了以公共交通为导向的交通发展战略的实施[8]。

如图7-7所示，新加坡ERP的效果非常显著。在机动车保有量均增长到3倍以上的情况下，早高峰时间进入城市中心区的交通流量居然低于40多年前还没有执行入域许可收费之时。而且，城市中心区内没有再修建新路，也没有高架桥，避免了道路建设的更多支出和破坏城市环境，进一步证实了ERP系统的高效。动态调控机制不仅使得ERP在新的时代背景下更具生机与活力，而且更有效地缓解了道路交通拥挤。

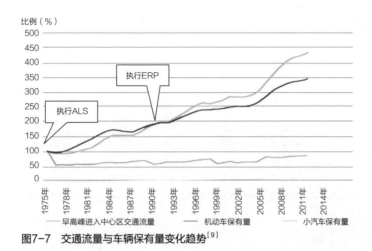

图7-7　交通流量与车辆保有量变化趋势[9]

ERP 刚刚实施半年时，早高峰和全天交通量分别下降了17.8%和15.6%（表7-2）。在ERP实施一年之后，早高峰与全天交通量下降比例与实施半年时非常接近，说明在ERP实施半年后效果就趋于稳定且明显。一直到2005年，ERP都能使全天交通量下降12.6%，效果持续性非常强。但在2010年之后，交通流量开始有所上升，这与车辆总量持续增多有一定的关系。另外，由于车辆为避免ERP收费，也使得ERP收费时段前后的交通量有所增加。

ERP实施对新加坡日常交通量的影响　　表7-2

时间段	1998年8月（ERP实施之前）	1999年3月（ERP已经实施了）	1999年8月（ERP实施一年）
7:30~9:30（早高峰）	55268	45436（-17.8%）	46575（-15.7%）
全部ERP工作时间段	271051	228646（-15.6%）07:30~19:00	231567（-14.6%）07:30~19:00
时间段	2005年8月	2010年7月	2013年8月
7:30~9:30（早高峰）	52604（-4.8%）	62782（13.6%）	66642（20.6%）
全部ERP工作时间段	236703（-12.6%）08:00~19:00	273327（0.6%）08:00~19:00	304882（12.3%）08:00~19:00

目前，新加坡95%的快速路和主要干道在繁忙期没有拥堵现象，快速路平均车速大于60km/h。中心区道路交通平均车速28.5km/h（图7-8），与其他国际大城市相比，交通更为顺畅。

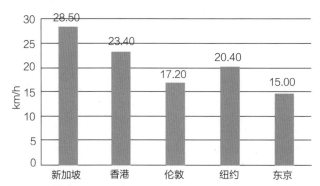

图7-8　新加坡与部分国际大城市高峰小时CBD区域平均车速对比

参考文献：

［1］ Land Transport Authority. Electronic Road Pricing（ERP）［EB/OL］. http：//www.lta.gov.sg/content/ltaweb/en/roads- and-motoring/managing-traffic-and-congestion/electronic-road-pricing-erp.html.

［2］ ACE Drive［EB/OL］. http：//www.acedrive.sg/how-to-link-your-in-vehicle-unit-to-your-credit-card-to-make-erp- payments/.

［3］ Kompasiana［EB/OL］. http：//jakarta.kompasiana.com/transportasi/2014/06/15/tahapan-penerapan-erp-di-dki- jakarta-658731.html.

［4］ http：//interactivemap.onemotoring.com.sg/mapapp/index.html?param=redirect.

［5］ Lewis N. C. Road Pricing：Theory and Practice［M］. London：Thomas Telford, 1993.

［6］ A.P Gopinath Menon. Mitigating Congestion-Singapore's Road Pricing Journey［M］. LTA Academy, 2015.

［7］ http：//www.lta.gov.sg/content/ltaweb/en/roads-and-motoring/owning-a-vehicle/vehicle-quota-system/overview-of-vehicle-quota-system.html.

［8］ 罗兆广. 新加坡交通需求管理的关键策略与特色［J］. 城市交通，2009，7（6）：33-38.

［9］ CHOI Chik Cheong and Raymond TOH. Household Interview Surveys from 1997 to 2008 – A Decade of Changing Behaviours［Z］, 2010.

第八章　交通需求管理策略与实施

第一节　新加坡机动车拥有量发展历程

根据第一章第三节可知，截至2017年，新加坡机动车总量为96.1842万辆，其中小汽车为61.4789万辆，占机动车总量的64%，小汽车千人保有量为110辆，比1970年的小汽车千人保有量69辆增加了1.64倍。

从2014年起，机动车保有总量开始稳定，新加坡千人机动车保有量远低于其他发达国家，例如美国已超过800辆，日本超过600辆，英国超过500辆。在经济如此发达的国家将千人机动车保有量控制在如此低的水平，这完全归功于新加坡自20世纪起逐步实行的一系列抑制私人交通、积极发展公共交通的举措。

一方面，政府不断提高购车用车成本，购车需要缴纳关税（20%）、附加注册费（100%~180%）以及拥车证费用（COE）。并且自从1975年起就开始实施市中心道路拥堵收费制度。除了拥堵收费，新加坡的驾车者还要面临其他和汽车使用有关的费用，燃油税占普通汽油零售价的大约25%（2015年起每公升为新币56分），大多数不设在街道旁的泊位都属于私人管理并且收费比较贵。车主每年还必须根据车型交相应的路税（图8-1）。

另一方面，政府大力发展公共交通，包括投资建设地铁、轻轨和空调枢纽，提升公共汽车系统，并确保公共交通收费是大众可负担的。

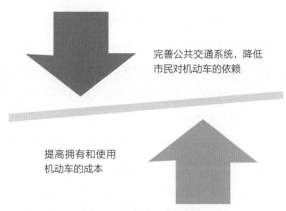

完善公共交通系统，降低市民对机动车的依赖

提高拥有和使用机动车的成本

图8-1　新加坡控制机动车发展的政策手段

第二节　新加坡机动车使用特性

新加坡政府意识到，扩建更多的道路只能解决一时的拥堵问题，长远下去是不可持续的，因此采用严格限制车辆数量的车辆配额制。即便如此，车辆的增长速度仍然超过了道路建设速度，两者的对比如图8-2所示。

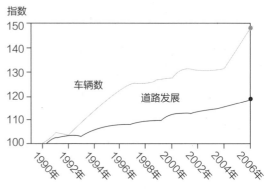

车辆的增长速度超过了道路建设速度

图8-2　新加坡道路及车辆增长比例[1]

2008年，新加坡平均每天产生990万人次机动出行，比1997年增长了32%。1997～2004年间平均每年增长1.3%，而2004～2008年间平均每年增长4.8%，这表明机动出行需求正在加速增长。公共交通（Public Transport，PT）出行增长不多，相比之下私人交通（Private Transport，PV）持续快速增长。

产生这种现象的主要原因是新加坡的经济和人口的快速增长。表8-1显示，从1997至2008年新加坡人口增长了26%，同时经济活动也急剧增长。

新加坡人口、人均GDP、经济活动及日出行次数[1]　　　　表8-1

年份	人口（百万）	人均GDP（千新币）	居民失业率	日出行次数（百万人次）	人均日出行次数
1997年	3.8	36.2	3.5%	7.5	1.98
2004年	4.2（11%）	44.2（22%）	4.4%	8.2	1.97
2008年	4.8（14%）	48.3（9%）	3.2%	9.9	2.18

由于调查年期间新加坡较高的失业率，导致了人均日出行次数低于2，随着2008年失业率的显著下降，其人均日出行次数也明显提高。

此外，调查显示，随着收入的增加，使用私人交通方式的比例明显增加，公共交通出行率显著降低，轨道交通的比例先增后降，其趋势如图8-3所示。

图8-4表明，随着出行者的住所到最近地铁站的距离的增加，其选择私人交通方式出行的比例不断增加，选择公共交通方式出行的比例不断下降。住在距地铁站200m以内的居民中，选择公共交通出行的比例超过70%。住宅离地铁站的距离平均每增加100m，选择公共交通的比例就下降1.6%。住在离地铁站2km以上的居民中只有不到40%选择公共交通。

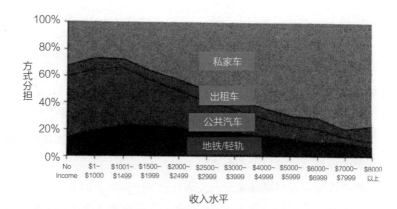

地铁的方式分担率在所有收入水平中保持平稳

图8-3　新加坡不同收入阶层的出行方式分担率[2]

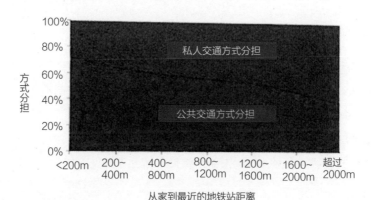

家附近有地铁站的人们公共交通方式分担率最高

图8-4　公共交通与私人交通出行比例随住宅到地铁站的距离的变化[2]

第三节　车辆配额制与拥车证方案实施背景及其变迁

车辆配额制（Vehicle Quota System，VQS），连同电子道路拥堵收费是新加坡交通管理的两个关键策略。在新加坡有限的土地资源和不断增加的车辆所有权需求的前提下，有必要确保车辆增长率不失控，从而不会导致全面道路拥堵。

车辆限额制是新加坡管制拥车和确保道路交通顺畅的一个主要机制。要购买新车的人须先投标拥车证，有了拥车证之后才能注册新车，严格地管控车辆的定额分配。

1. 拥车证与车辆配额制的背景

新加坡国土资源十分有限，其中12%的土地用作道路相关用途，如图8-5所示。从交通供需角度来讲，道路供给方基本不会再有大量增加，所以新加坡主要从调节需求方来入手，确保道路通畅。早在1975年，新加坡就实行了区域许可计划，限制车辆进入主城中心区域，开启了拥堵收费的先河，通过经济手段来调节车辆使用道路的频度来提升道路的通畅度。

随后新加坡的生活日益富足，仅仅依靠提高购车税费不能有效地控制车辆总量的增长。虽然采用了拥堵收费，但路上的车流量仍然是越来越多，道路资源负荷太

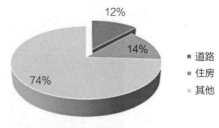

图8-5　新加坡不同类型用地比例

重。所以，新加坡政府认为必须双管齐下，同时控制车辆增加的数量，以便保持道路畅通。经过不断研究与论证，于是在1990年5月，新加坡推出了车辆配额制，限制了每年允许上路的新车数量，确保车辆增长是可持续的。在车辆配额制下，任何人想要注册一辆新车首先必须获得一张"拥车证"。

2. 车辆限额制与拥车证

1）车辆限额制

新加坡从1990年起，在车辆限额制下，把车辆增长的数量控制在年净增长率3%以内，从2009年起控制在0.25%~1.5%之内。

（1）拥车证的类别

根据陆路交通管理局官网，车辆限额制将拥车证分为五类，如表8-2所示。

拥车证的类别[1]　　　　表8-2

拥车证种类	在2014年2月之前 第一次投标运动获得的拥车证	在2014年2月之后 第一次投标运动获得的拥车证
A	小汽车（1600cc及以下）	小汽车（1600cc和97kW （130bhp）及以下）
B	小汽车（1601cc及以上）	小汽车（1601cc或97kW（130bhp）以上）
C	货车及公交车	货车及公交车
D	摩托车	摩托车
E	开放类，适用于任何车辆	开放类，适用于任何车辆 （2017年起不适用于摩托车）

为了提倡环保，政府鼓励购买小型节能车。小汽车按排量分为两个级别，小于1.6L的为A类小汽车，称为普通车，大于1.6L的为B类小汽车，称为豪华车。普通车拥车证数量一般是豪华车的两倍。

（2）车辆配额的决定方法

根据陆路交通管理局官网，主要是从如下三个方面计算每个月的拥车证配额，

并每三个月设置一次：

①注销车的数量；

②允许的车辆数量的年净增长率；

③调整出租车总量的占比变化、车辆提前转换计划下的替代数量、过去的超预算和过期或注销的临时拥车证等。

2）拥车证

任何人想要在新加坡注册一辆新的车辆都首先必须获得一张相应车辆种类的拥车证。拥车证是和车辆绑定，而不是车主，确保市场流通性。

拥车证每月分两次公开电子拍卖，中标的最低价格将决定该次拍卖的拥车证价格，获得了拥车证后，所有私人车主必须在6个月内注册新车，否则拥车证将失效。拥车证从注册日起10年内有效。10年期满后，车主如果要继续用车，必须根据当时的平均价格，购买另一张拥车证。

3. 拥车证的实施方案

陆路交通管理局根据每年淘汰车辆的数量、道路建设情况及总体车量控制增长目标等，确定每年新发放的拥车证配额数量。每个月拿出一定数量的拥车证，分两次供购车者公开电子投标。

以2015年6月的第一次投标为例，政府共提供了3365张拥车证，五个不同车辆组别的配额如表8-3所示。投标程序是，先由投标者输入最终的投标价，然后由电脑系统从高价到低价确定中标者，以最后一个中标者的投标价制定所有中标人士的统一拥车证价格，每个竞拍者可以在网上看到成功投标的价格。这一政策透明、公正、方便，提高了竞拍流程的科学性。

新加坡2015年6月拥车证的配额及价格[1]　　　　　　　　　　表8-3

拥车证类别		配额	配额溢价（新币）	总竞拍数	成功竞拍数	未使用配额
不可转让类	A类（小汽车1600cc及97kW（130bhp）以下）	1429	61000	1766	1421	8
	B类（小汽车1600cc或97kW（130bhp）以上）	928	71509	1144	926	2
	D类（摩托车）	363	6401	448	359	4
可转让类	C类（货车及公交车）	373	50502	481	370	3
	E类（开放类，适用于任何车辆）	272	74501	373	269	3

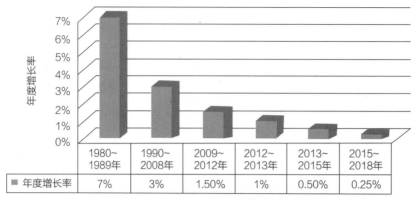

图8-6 实行车辆配额制前后的车辆年度增长率变化[1]

拥车证一般是由各大车辆销售商来进行投标竞价，然后销售商在售卖车辆时连同拥车证一起卖给顾客。购车者通常不直接参与竞价拍卖拥车证。

4. 实施效果

通过实施拥车证制度，新加坡的车辆数量得到严格控制。这种制度对政府来说是一举多得，一是达到了控制车辆数量的目的，二是增加了政府的收入，三是使人们更加懂得使用车辆的真实成本从而消费更加理性。

如图8-6所示，在新加坡的车辆配额制下，新加坡车辆的年度增长率从实施之前（1990年之前）的平均7%一瞬间下降至3%（1990～2008年），之后年度增长率不断下降，在2013～2015年这段时间已经下降至0.5%，并且从2015年开始，年度车辆增长率控制在0.25%。可以说，管控效果非常明显。

在新加坡想要拥有一辆汽车，除了拥车证，还要缴纳进口税、附加注册费、路税等，这些费用加起来远远大于车辆本身的成本，拥车成本十分昂贵。

新加坡实行拥车证制度抑制车辆增长的同时，也采取了积极发展公共交通的举措，政府不断完善的高度发达的公共交通网络也有效地鼓励了人们舍弃私人交通工具，享用便利而舒适的公共交通工具。

5. 特殊拥车管理措施：非繁忙时间小汽车——红牌车（Off-Peak Car）

为满足更多市民的拥车愿望，而又不会造成道路拥堵，新加坡增加了一种红色牌照的非繁忙时间小汽车。购买这种红牌车的流程和普通小汽车一样，包括投标拥车证，但政府会给车主一次性的税务回扣（目前相当于新币17000元，大约人民币8.5万元）。使用红牌车享有更低的路税，但只能在周末、节假日、早上七点以前和晚上七点以后行驶，其他时段还是可以使用，但必须在网上购买每日新币20元的执照。执行红牌车限行十分严格，在非授权时间开红牌车而没有购买执照会受到严重处罚（图8-7）。

新加坡在制定红牌车制度时考虑得很细，并且一举多得。首先，在不增加高峰时间道路交通压力的前提下，满足了更多人拥有小汽车的愿望。其次，达到了鼓励人们减少用车，高峰期多

图8-7 新加坡的红牌车样例

利用公共交通出行。同时，因为市民考虑到红牌车只能在周末、节假日或晚上开，便不会花大价钱买一辆大排量高档轿车，间接达到促进节能环保的目的。

第四节 新加坡的停车管理

1. 停车规划管理

在停车位建设规划方面，新加坡一方面规范建筑物配建停车位的数量，另一方面严格控制路侧停车位的数量和位置，同时采用市场化停车收费和需求管理策略，并严格执法，既保证市民有良好的停车空间，又避免非法路侧停车阻碍正常交通秩序，造成交通拥堵。

1）配建停车位

为有效管理停车问题，新加坡政府制定严格停车配建标准，规定每个新的发展或改建项目，包括如公寓、洋房、组屋区、办公楼、购物中心、宾馆、医院、学校、工厂等建筑物，都必须提供一定数量的停车位。若新建建筑或改扩建建筑时不按标准设置配建的停车位，则需要按停车位缺少的数量缴纳高昂的建设差额费，相当于$16000/车位（大约人民币8万元/车位）。所以，新加坡全岛建有很多地面、地下及多层停车场。

在政府组屋区或商品共管公寓、洋房小区，路边非法停放的车辆很少，绝大部分车辆都停在多层、地面或地下停车场里（图8-8）。在新加坡，购买商品共管公寓、洋房是不用另外购买停车位的，每户基本都配有一个停车位，豪宅甚至更多。停车费用含在物业费里面。

不像商品房小区，以中低收入人士为对象的政府组屋区是以公共交通为主导，停车位就相对少很多，基本上是3户配一个停车位，而且停车费是另外的。为方便组屋居民，组屋区的停车场一般在停车楼和住宅楼之间建有盖的走廊，保证居民不用淋雨、晒太阳就可以穿行在停车楼和住宅楼之间，而且很多公共住宅楼的多层停车场已经或者正在加配电梯，方便车主和居民上下车。而商务服务区

图8-8　新加坡组屋停车场

的停车场，往往都与商场、商铺直接或者电梯、扶梯连通，便于乘客下车后到商
场购物。有些公共住宅楼的停车场低层，还开设有便于居民就餐的餐饮区（如食
阁、大排档等）。

2）路侧停车位

新加坡交通管理部门意识到，在主要街道两侧停车会占用宝贵的道路资源，降低
通行效率，因此规定，主干路和次干道一般不能设置停车位和出入口。路侧停车位只
在车流量少的支路设置，并征收停车费。各类建筑物必须在支路开设出入口。陆路交
通管理局会根据情况在地铁站外的对应路段设置出租车等待区和社会车辆上下客车位
（又称Kiss-and-Ride车位）。图8-9所示为地铁站旁的支路上设置的上下客车位。

由图8-10可见，新加坡主要街道两旁一般都标有双黄线，不允许停车，而在
允许停车的支路，停车收费标志也十分明显。人们在新加坡很难看到马路两边塞满
了乱停车辆的景象。

图8-9　新加坡地铁站附近的上下客车位　　　　图8-10　新加坡路侧禁止停车标线及路侧收费停车标志

2．停车收费管理

新加坡所有的停车场都没有地面加锁现象，因为公共停车场的车位只租不出售。在"只租不售"的前提下，为了很好地调节停车位的使用效率，新加坡几乎所有的停车场都实行"月租""小时/分钟租"和"择时/日免费"的收费办法。

"月租"车位的费用比"时租"要优惠很多。公共住宅停车位的"月租"费目前约在每月120新币（人民币600元）左右，私人公寓、洋房每户一般会给一个免费的停车"月卡"或标签，办公和商业区的停车位月租从100、200新币起不等。但时租除公共住宅区稍便宜，约为每小时1新币外，市中心和主要商业区的时租，则可能高达每小时6新币。这样一来，"月租"和"时租"收费差距很大。与此同时，为了鼓励车主们在一些时段使用停车位，很多停车场还实行"择时/日免费"的做法。这些不同的收费办法，既保证停车供应充足，有效调节停车需求，又提高了停车位的使用效率，而且还避免成倍增加城市总体停车位的需求量，避免很多车辆为寻找停车位而空驶和慢驶占道等容易导致整个车流降速、拥堵等问题。

"月租"车位一般在多层停车场的低层楼层中，这样便于长住居民们（月租车主）停车后，少走几层楼梯；而时租车位通常在停车场里较高的楼层。

有些公共住宅区的地面停车场和多层停车场，周末和公共假期都会对"时租"车免费。这样的做法，方便亲友互相家访，鼓励建立良好的家庭和社会关系。商业区的停车楼里，也经常有"择时免费"的做法，招揽顾客。

3．装货卸货专用空间的设置与管理

在新加坡，主要建筑物必须设有专用的装/卸货区，如图8-11所示。

装卸货区只用于货车装卸货时使用，避免货车装卸货时阻碍道路交通运行。相比之下，中国目前快递业蓬勃发展，时常可以见到各种货车在建筑门前区域长时间停留送货，占据道路空间，阻碍车辆通行，严重干扰了城市交通的正常秩序。同样地，新加坡宾馆也必须设置专用旅游公共汽车上下客区。

4．执行效果

在中国的许多大城市乃至中小城市里，由于停车位规划不当，中心区很难找到停车位，由此导致的乱停车现象又占用了道路空间，进一步加剧了道路拥堵问题。而在新加坡这个面积狭小且人口密度很高的城市国家

图8-11　新加坡建筑物配建的货车装/卸货区

里，却基本上不存在停车难的问题。这不仅由于新加坡政府对机动车拥有和使用的严格管控，更主要得益于新加坡政府高度重视停车基础设施的规划与配建，以及行之有效的管理措施。

由于政府在停车方面精细的规划和严格的执法，新加坡全国几乎不存在路边乱停车现象，总体路面交通秩序井然，也很少出现停车难问题，因而驾车出行者也不需在路上不断兜圈子寻找空闲停车位。新加坡对停车位规划和管理的模式一方面降低了不必要的交通量，缓解了中心区道路交通的压力，另一方面降低了能耗和碳排放，有利于总体城市环境的改善。

参考文献：

［1］新加坡陆路交通管理局 https://www.lta.gov.sg.

［2］CHOI Chik Cheong and Raymond TOH. Household Interview Surveys from 1997 to 2008 – A Decade of Changing Behaviours ［Z］，2010.

第九章 交通供给与交通投资策略

第一节 道路交通基础设施供给策略

通过分析新加坡近十年的交通基础设施建设情况，可以知道除了地铁系统之外，基础设施建设已经进入稳定增长阶段，新加坡政府将更多的人力、物力投入到公共交通和交通需求管理而不是道路建设上。基于公交优先的政策，相比较之下，轨道交通的里程增幅大于道路里程（图9-1）。

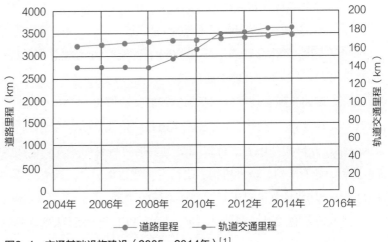

图9-1 交通基础设施建设（2005～2014年）[1]

从交通服务质量的角度分析，车辆在高峰小时的平均运行速度略有增加，说明现有的基础设施配合精细化的交通管理措施已经能够满足交通需求（表9-1）。

高峰小时的车辆平均运行速度（km/h）[1]　　　　　　表9-1

年份	快速路	CBD/主干道
2005年	62.8	26.7
2006年	62.7	27.6
2007年	61.2	26.8

续表

年份	快速路	CBD/主干道
2008年	63.6	26.6
2009年	62.2	27.6
2010年	62.3	28.0
2011年	62.5	28.5
2012年	63.1	28.6
2013年	61.6	28.9
2014年	64.1	28.9

第二节　智能交通系统建设策略

智能交通系统建设在新加坡经历了下述历程[2]：

（1）1980年代，新加坡开始应用ATC、绿波协调信号等系统。

（2）1995年，陆路交通管理局开始应用智能交通系统（ITS），用于优化交通网络。

（3）2006年，陆路交通管理局第一次编制了智能交通系统总规（ITS Master Plan），成功指导安装了一系列智能交通设施。

（4）2014年，陆路交通管理局连同新加坡智能交通协会（ITSS）编制了"Smart Mobility 2030"总体规划，指出，过去智能交通系统依赖基础设施建设，现在将重点放到数据收集、分析和利用上。将智能交通系统的利益相关方，包括车队经营者、系统提供者、政府部门、研发机构、出行者构建协作平台，建立开放的标准。

Smart Mobility 2030计划中对于智能交通系统的建设，提出了三大策略：

策略一，实施富有创新性且可持续发展，即能适用于新加坡未来面临的挑战的智能交通建设方案。

策略二，开发和贯彻使用智能交通系统标准。交通相关数据和交换需要标准化，才能保证整个体系的高效和各部门的可协作性。

策略三，紧密协作，共同创造。建立众筹平台，听取社会各界对智能交通系统的需求与创新性建设的想法。

第三节　公共交通投资策略

新加坡地铁是世界上最先进、最安全的地铁之一，它成功地吸收了各国先进技术和经验。新加坡大运量轨道交通又叫大众捷运系统，始建于1982年。目前地铁线路总长200km，共5条线，141个地铁站，东西、南北和东北线，环线和市区线将CBD、机场、码头、港口、工业区、商业中心和居民聚居的新市镇连接起来。加上正在运行的轻轨线（LRT）28.8km，共3条线，42个轻轨站，新加坡轨道交通网络已具规模。在新加坡任何轨道交通车站候车，即便在高峰期也不用等候3min以上，其高效准时名不虚传。这样的世界级轨道交通网络既需要有先进的基础配套设施，还需要有科学严谨的管理和完善的服务。

新加坡地铁采取公建私营的"国有私营"模式，即由政府建设公共性较强的基础设施部分，建成后将私营性较强的运营部分许可给私人企业。2016年前，两家地铁运营商都是上市公司，政府严格监管地铁服务，维保和票价，只是象征性地向运营商收取一定的租赁金，运营商自负盈亏。这种模式的基本结构如图9-2所示。

新加坡地铁系统的建设资金来自财政部对陆路交通管理局的拨款。陆路交通管理局既要负责基础设施建设的资金，同时还要负责初始运营资产的购置资金。

政府在进行初始投资后，还需要对运营中的地铁系统进行大量的投资，包括随着地铁客运量的逐年增加，购买更多地铁列车，以及提升地铁基础设施等。2016年前，地铁列车更换的大部分资金由地铁运营商的偿债基金中支付，但同时陆路交通管理局会补贴列车因通货膨胀而增加的成本。根据新加坡现有的许可及营运协议，新加坡地铁运营商每年须投入相当于特定营运资产年折旧费的20%于特定的投资项目，并可运用此投资的回报支付购买替代资产费用的一半。

2016年起，新加坡政府采用新的铁路融资框架，在新的"国有私营"模式下，所有地铁基础设施和资产的更新和提升，都由陆路交通管理局负责和投资。地铁运营商的执照期从原来的30～40年，减少到15年，提高竞争性，执照费也跟利润挂钩，并存入陆路交通管理局的铁陆偿债基金，供日后更新和提升地铁营运资产。

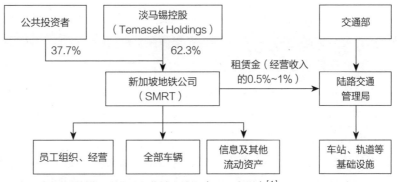

图9-2　新加坡轨道交通建设运营基本结构（2016年前）[1]

1. 政府投资基建，企业自主经营

新加坡政府为实现国际商业、金融及物流服务中心的目标，建成世界一流水准的交通网络，拨专款进行轨道交通基础建设。修建轨道交通干线已经投入超过200亿新币（大约1000亿元人民币）。此外，轻轨建设投资了10亿新币，连接港湾和圣淘沙的单轨铁路Sentosa Express也投资1.4亿新币。

新加坡所进行的大规模轨道交通建设工程，其资金完全来自政府的财政支出，不像很多国家那样，需要通过借贷融资或者采用公私合作（PPP）模式。既然是政府花钱办的事关国计民生的公共事业，就只许成功不许失败。轨道交通运营商要自力更生，在市场竞争中谋求发展。政府有言在先，不会像欧美国家那样每年给公共交通运营商大量的财政补贴，而地铁企业的生存和发展等决策问题完全放手让企业自己去闯。在票价受到严格监管的情况下，上市的地铁运营商只好大力提高生产力，降低成本，提供优质服务，尽量增加非车费收入（比如广告），以求利润最大化，满足股东的期望。值得一提的是，为确保政府巨额投资和公众的利益能够得到保障，新加坡国会通过了一项捷运系统法案（RTS Act），授予陆路交通管理局很大的权力去监管轨道交通（包括轻轨列车）的运营商。轨道交通运营商的服务若达不到执照标准要求，将被罚款高达200万新币（大约1000万元人民币），在严重的情况下，陆路交通管理局也有权力吊销经营者的执照。

2. 严密规划线路，创造土地价值

建设轨道交通并不等于就拥有了高效的交通服务。要想把轨道交通的效用真正发挥出来，需要整个城市的交通网连成体系，相互衔接。新加坡在发展轨道交通时，就提出建设"枢纽+换乘"的一体化公共交通网络，争取做到乘客不出站就能中转到新加坡各个角落。这样复杂的交通系统无疑需要非常周密的规划设计，要经得起实践运转的考验。在这个网络中，轨道交通是主要的运载工具，轻轨是轨道交通干线的延伸支线；常规公交负责将乘客疏散到四面八方，作用同样不可或缺；此外还有校车、专用车等供专门群体需要；出租车则保证特别、个人化点到点的需要。

政府实行公共交通优先、严格限制私人车辆保有量的倾斜政策。为此，新政府做了大量工作，确保轨道交通和常规公交有效运营和具吸引力。例如，政府会主导调整现有公交线路，以免与轨道交通线重叠，造成资源浪费，同时确保市民更方便地衔接地铁站。从2009年起，陆路交通管理局更主导中央规划公共汽车网络，不断优化公共汽车线网，确保与轨道交通网络一体化。

政府还严格监管公共交通票价，确保公共交通是大众可支付的。新加坡轨道交通运营商在各个地铁站准备有详细的路线图、时刻表、转乘方法等资讯手册，可免

费索取。地铁站的环境设计也相当精心，每个轨道交通站都与公交车线路连接，方便乘客转车。而且，在轨道交通站附近大都有大型的购物商场、电影院、小吃中心、住宅区等，非常方便。这样一个紧密结合各种交通工具、运作顺畅、具成本效益的公共交通网络，不但能够满足人们的出行需求和愿望，也有利于经济和环境的发展。

新加坡市建局为利用轨道交通创造更多的价值，制定了土地发展策略，目的是使有限的土地发挥最大的经济效益。新加坡的做法是，在轨道交通站的周围先留出一大片土地作为发展预留用地，外围则发展高密度的住宅。若干年后轨道交通周边地区发展起来，预留土地的价值就会相当可观，政府可以获得最大的土地增值。此外，轨道交通通达的地区，房产必然更具吸引力。政府在发展新的组屋区时，统筹考虑公共交通网络的规划。比如，2000年年初，东北地铁线的开通提升了当时新开发的榜鹅新镇的组屋认购率，高达80%，而同期其他地方的组屋认购率只有30%左右。

表9-2所示为历年新加坡轨道交通运量统计。

新加坡轨道交通系统日均运量[1]

表9-2

年份	日均运量（万人次）	
	大众捷运系统	轻轨线
2004年	127.6	5.7
2005年	133.8	7.1
2006年	143.5	7.5
2007年	156.4	8.1
2008年	172	8.9
2009年	183	9.2
2010年	206.9	10
2011年	229.5	11.1
2012年	252.5	12.4
2013年	262.3	13.2
2014年	276.2	13.7

3. 经验总结

新加坡地铁采取的公建私营模式需要政府提供资金完成基础设施建设，此后政府只负责监管运营商和地铁票价，以及替换地铁资产，并营造必要的市场环境，加强监督和安全管理，建立相应的政策法规予以支持和约束，充分利用市场的无形之手，提高了地铁系统的运营效率。与此同时，新加坡政府提前完成周密的地铁线路与土地利用一体化规划，并对地铁沿线进行严格的用地控制和TOD发展，同时优化地面公交网络，确保与地铁网络一体化；一方面方便市民利用轨道交通，另一方面保证了地铁有充足的客流，进而确保了私营轨道交通公司自负盈亏，同时也提高了沿线土地价值。

新加坡的轨道交通建设及运营模式十分高效，避免了政府投资的浪费。政府提前确定完善的城市及交通规划体系，并完整制定相关政策法规体系，两者紧密结合，环环相扣，是这种模式得以成功运作的重要前提。

参考文献：

［1］新加坡陆路交通管理局 https://www.lta.gov.sg.
［2］Smart Mobility 2030，ITS Strategic Plan for Singapo［Z］.

第十章　货运交通与产业结构

　　近年来，新加坡现代货运物流业在规模不断壮大、经营模式不断创新的发展过程中也形成了自身的特点，而这些特点又反过来促进了它的良性、快速的发展。目前，新加坡拥有亚洲第四大货运机场，其航空网络节点已经延伸到了57个国家的182个城市。同时，它也是世界上最繁忙的集装箱转口港，其海上航线把新加坡与123个国家的600个港口连接起来。伴随着港口的发展，物流业成为新加坡经济的重要组成部分，目前，新加坡的运输和物流产业产值达到127亿新币，占全国GDP总量的9.4%，物流企业9000多家，从业人员约18万人。新加坡具有"一流港口设施、一流网络技术、一流物流人才"，从而能够提供世界一流的港口服务。有许多经验和做法，值得我们借鉴。

第一节　航空货运与物流

　　新加坡航空公司（Singapore Airlines，SIA）与货物运输最早始于20世纪中期，至今已有50多年的历史。随着全球航空货运的迅速增长，新航越来越多地介入航空货运业务。1992年，新航成立全新的货运部以全力加强货运业务。随着世界航空货运业务的不断成熟、壮大和深入，新航内部就货运的未来发展进行了革命性的改组。2001年7月1日，新航货运在其历史演进过程中经历了根本性的变革。新航货运正式从新航中独立出来，成为新加坡航空公司的全资子公司，新加坡航空货运作为一家独立运营、自负盈亏的独立法人正式挂牌成立。

　　新航货运全球运营网络覆盖57个国家的182个城市，每周有超过600个航班，是连接五大洲的重要贸易中心，由14架B747-400全货机组成的机队运营，新航货运同时也销售新加坡航空客运航班的腹舱舱位。目前，新货航每周共有10班新货航全货机和55班新航客机从新加坡往返中国的主要口岸，包括上海、北京、南京、厦门、广州、深圳。其中的6班货机是直接由中国飞往美国的。

　　新加坡樟宜机场占地面积1300hm²，目前拥有2条平行跑道。樟宜机场2017年货邮吞吐量为213万t，机坪共设有停机位114个，其中有10个货运停机位。樟宜机场货运中心属于自由贸易区，占地47hm²，实行24小时运作，中心设有航空邮件转运中心，拥有9个货运候机楼，年设计货物吞吐量为300万t，由2家地勤服务代理商运营，分别为SATS和dnata公司。机场设有2个快运中心，年快运货物流量达18万t。由新加坡民机场集团运营的5个货运代理商大楼，被大约200家国际货运代理商租用。机场设有一个海关与安全检查站，对离开机场货运中心的货物进行集中式检查；一个贸易许可办公室，办理进口许可证申请文件和其他贸易文件；一个动植物检疫站，处理动物和植物的运输事宜[1]。

航空货运物流主要经验如下：

（1）开放天空，增加货源。对于樟宜机场而言，为了吸引更多的货物在新加坡进行中转，新加坡实施"开放天空"政策，使得许多航空公司愿意把新加坡的樟宜机场作为中转机场，所以樟宜机场是东南亚最大的枢纽机场，新加坡货运航空公司的航线和航班都始终贯穿着一个特色：中转。樟宜机场的航线主要是欧亚航线，北美—大洋洲航线和亚洲—大洋洲航线。航线的特点当然是全部由国际航线组成，主要覆盖欧洲、东南亚、北美和澳洲，为樟宜机场迎来不少货源。2017年新加坡机场年货流量达到了213万t，其中1/3是中转货物。航班包括包机、班机和航空快递三种方式。

（2）标准化、快速化的货运服务。樟宜机场的货运服务有具体服务标准：货运文件客户在客机抵达后2h内拿到；货运文件客户在货机抵达后4h内拿到；客机航班货物在抵达后3.5h内提取到；货机航班货物在抵达后5.5h内提取到；货物在海关清关时间不超过13min。通过限定时间来保障客户满意度。

（3）充分发挥信息管理系统功能，提升货运保障效率及收益水平。新加坡航空货运公司货运管理系统设计完善，功能强大，与实际业务契合度高，同时在货运库房、文件处理柜台、舱单制作部门、财务与行政部门以及各管理层办公室均安装了系统终端，各个保障环节之间相互监督流转，形成完整闭环，再加上现场业务主管与操作人员的协同监管，有效杜绝了人为漏洞以及有损公司利益的行为，保全了公司收入，提高了公司生产效率、决策质量以及收益水平。

（4）强化职能部门作用，为生产发展提供强大的硬件支持与技术服务。在新加坡航空货运公司的组织架构中，属于生产部门的只有2个，即配餐服务部以及地勤与货运服务部，而支持其运营发展的职能部门就有4个，分别是人力资源部（负责公司人事管理、培训、工业关系以及安全与卫生等）、工程与科技资讯部（负责公司工程管理、维修基地、科技资讯与采购工作）、行政与财务部（负责公司财务事务、公司事务、市场行销与餐饮管理）以及业务发展部。通过强大的职能部门支持，为一线业务生产发展提供坚强的后盾，确保了公司的持续盈利能力。同时，航空货运公司之所以能维持高效率的地面运作，其强大的后勤保障与服务支持部门功不可没。

第二节　港口货运与物流

新加坡是一个因港而兴的国家，经过长期的苦心经营，已成为亚太地区重要的国际贸易、国际金融和国际航运中心。它联系着世界上的200家航运公司和123个国家的600个港口。拥有4个集装箱码头。2017年集装箱吞吐量达3366.7万标箱，全球每5个中转箱中，就有1个是由新加坡码头处理的，堪称世界上最繁忙的港口。新加坡港位于新加坡岛南部沿海，西临马六甲海峡的东南侧，南临新加坡海峡的北侧，是亚太地区最大的转口港，也是世界上最大的集装箱港口之一。该港扼太平洋及印度洋之间的航运要道，战略地位十分重要。它自13世纪开始使是国际贸易港口，已发展成为国际著名的转口港[2]。主要有以下经验可以借鉴：

（1）实施域外经营战略。从1996年开始，新加坡开始改革港口管理体制，把港口的管理和经营职能分开。设立新加坡海事和港口局（MPA），负责港口管理；设立新加坡港务集团（PSA），负责港口生产和经营，并对其进行股份制改革和私有化。同时，为了适应经济全球化和国际化要求，按照全球供应链管理模式，进行口岸作业流程再造，积极推动现代物流业的发展。此外，通过港口体制改革强化港务集团的作用，赋予其域外投资经营权，并配合国家区域发展战略，在"金砖四国"——中国、印度、俄罗斯、巴西，建设异国"飞地"工业园区，在全球范围内抢占集装箱运输市场。

（2）吸引跨国公司集聚，形成集群效应。从建国开始，新加坡就注重吸引跨国企业到新加坡投资，世界上7000家跨国企业中超过4000家在新加坡设立总部或地区性总部，这些跨国公司带来了货物的大进大出，推动了港口的发展，新加坡实现了发展"总部经济"推动全国经济飞速增长的目标。

（3）港口物流与制造业协调发展。新加坡政府一贯重视发展制造业，从20世纪80年代就制定了长远的经济政策，把生物科技、药剂工业和石化工业作为制造业发展的支柱，制造业占国内生产值的比重始终保持在25%左右，制造业的发展，尤其是临港工业的发展，带动了港口的发展与繁荣。特别是集聚在新加坡的众多跨国公司需要按照供应链管理要求进行跨国资源配置，大大促进了集装箱运输业发展。反过来，港口的发展与繁荣，尤其是现代物流业的发展，出现了第三方物流企业，明显降低了制造业成本，提升了制造业的竞争力，促进了制造业的发展。

（4）政府大力支持物流业发展。在产业发展规划方面，政府制定了物流业发展规划，大力支持发展物流业，成功地将运输、仓储、配送等物流环节整合成"一条龙"服务。在政策扶持方面，新加坡政府以各种政策支持物流行业的发展，这些政策包括税收优惠、对研究发展的资助和提供各项教育与在职培训计划。在科技应用方面，政府支持高科技应用，于1989年投入巨资，启动建设EDI贸易网络系统和港口网络系统，并成为政府监管机构、航运公司、货运代理和船东之间便捷的沟通渠道。目前，政府计划投入15亿新币，打造"智慧国"，其中包括整合贸易网络和港口网络为TradeXchange系统。

（5）签订自由贸易协定。新加坡同世界上许多国家签订了自由贸易协定，其中包括美国、日本、加拿大、中东等国家和地区。货物在关区内可以便捷流动。

（6）现代服务业发达。2010年新加坡服务产业约占新加坡GDP的67.6%，有4500家跨国公司提供专业服务，包括审计、会计、法律、金融、管理咨询、人力资本服务、市场研究、广告等，发达的现代服务业为港口物流业的发展创造了良好的条件。

（7）注重人才培养。新加坡政府采取各种形式向企业及公众介绍物流技术的最新发展，推出政府与高等院校合作、国际交流等多项物流人才培训计划。在高等院校培养物流专业的高级管理人才，为在职专业人员提供培训。如，新加坡国立大学与以工业和制造工程著称的美国佐治亚州科技学院携手合作，设立了物流学院，该学院的发展基金来自不同的公营团体和私营企业的资助；又如，鼓励新加坡员工每年接受培训12天，培训费支出占工资的4%～6%，政府同时给予培训补助；新加坡港务集团专门设立培训部门，并制订了详细的培训计划。

参考文献：

［1］ 新加坡民航局 www.caas.gov.sg.
［2］ 新加坡海事和港口管理局http：//www.mpa.gov.sg.

第十一章　面向未来的交通愿景

第一节　城市发展目标

　　新加坡在世界上一直享有"花园城市"的美名，这充分说明了新加坡的城市绿化园林、景观人文环境做得非常好。而新加坡政府不仅满足于这个美誉，而是希望整个城市更加综合更加有实力，故新加坡政府将城市发展目标定位为：有竞争力的、可持续的、宜居的城市[1]。

第二节　中远期交通发展目标

　　为让新加坡居民可以用更便捷的交通工具更快更舒适地去到更多的地方，新加坡大力增强铁路、公共汽车、自行车和行人有盖廊道网络，采取更多措施来提高公共交通服务质量和支持新的交通模式（如汽车共享）。目标是改善日常的旅程，让居民花更少的时间来出行。

　　新加坡2013年陆路交通总体规划的愿景是[2]：

　　（1）80%的家庭居住在离地铁站10min步行范围里；

　　（2）85%的公共交通出行（20km内）门到门在60min内完成；

　　（3）高峰小时公共交通出行的分担率达到75%（图11-1）。

图11-1　新加坡中远期交通发展目标

第三节 面向未来交通的交通政策

1. 公共交通政策改革

关于公共汽车，自2012年开启公共汽车服务增强计划，旨在解决通勤关注的拥堵和发车到站频度的问题；自2016年起实施新公共汽车服务外包模式，以便政府能及时满足公交需求，同时在2015年落实智能公共汽车车队管理系统。关于地铁，政府将投入1000亿新币（大约5000亿元人民币）扩展地铁网络，并在2016年实行的新铁路融资框架下，买回地铁营运资产，全权负责地铁列车的替换；同时提升地铁信号系统，把发车频度缩短到高峰期每100s一列车，提高运量20%等。

2. 出行政策

2020年将启动新的无闸门ERP2拥堵收费系统，将来有可能按距离收取拥堵费，更加公平和高效。2012年起推出非高峰出行奖励、早高峰前（7：45前）地铁车费回扣，公共交通月票等拥堵管理政策方案。

3. 少车理念

推行减少用车策略，鼓励绿色出行，设置无车/少车区，打造无车组屋新镇，同时减少市区的停车供应；建设第二个CBD，引导区域中心的发展，分散城市功能，缩短出行距离，让工作更靠近家。

第四节 面向未来交通的发展规划

在2013年所做的陆路交通总体规划中，新加坡政府的愿景是建设一个以人为本（People-Centred）的陆路交通系统。主要着眼于三大策略方面：更好的连接性、更完善的服务、宜居和包容性强的社区（图11-2）。

1. 更好的连接性

1）地铁和公共汽车

（1）兴建5条新的地铁线，地铁线总长翻倍至360km。新增跨岛线（Cross Island Line，

图11-2 新加坡以人为本的未来交通发展规划框架[2]

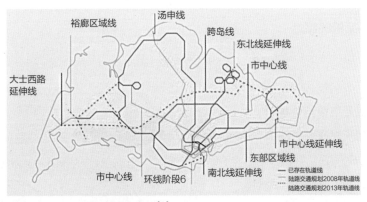

图11-3　新加坡轨道线网扩展图[2]

CRL）、裕廊区域线（Jurong Region Line，JRL）等以及扩展部分线路如环线（Circle Line，CCL）、市中心线（Downtown Line，DTL）、东北线（North East Line，NEL）（图11-3）。

（2）新增40条新公共汽车路线，连接新开发的区域；同时新增10条直达市区公共汽车路线连接到组屋区，增加组屋区的可达性（图11-4）；增建7个新的空调综合交通枢纽，提升公共汽车换乘、等候的环境品质。

　2）步行和自行车

新加坡交通提倡绿色出行，同时规划修建了全国步行有盖廊道和自行车专用道，非常方便居民，突破首末公里的障碍。

（1）新加坡常常日晒雨淋，政府打造超过200km有盖廊道连接到大众捷运系统和公交车站，保护行人不受天气的干扰。

（2）打造超过700km自行车专用道（包括组屋区、市区内的自行车专用道和公园连接道路），方便居民绿色出行，同时打造26个自行车镇，鼓励更多组屋区居民使用自行车。

　3）道路

（1）打造南北快速路（North-South Expressway，NSE），新加坡第11条快速路，可以帮助分担部分中央快速路（Central Expressway，CTE）的车流，减少拥堵。

（2）研究快速路可逆车道可行性。

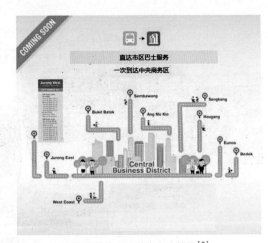

图11-4　新增直达市区公共汽车路线图[2]

2．更完善的服务

1）地铁

（1）新增超过100辆新列车。

（2）提升地铁信号系统。

（3）提高地铁强制性服务标准。

2）公共汽车

在2012年，新加坡政府出台了一个公共汽车服务提升计划（Bus Service Enhancement Programme，BSEP），专注解决通勤者特别关心的公共汽车拥堵及巴士到站频率等问题。如图11-5所示。

（1）未来五年内新增大于800辆新公共汽车，提高巴士强制性服务标准，达到高峰期6～15min一班。

（2）新增超过30km公共汽车专用道，使得在2020年之前达到总里程200km。

图11-5　公共汽车服务提升计划简介

（3）新增20个大型公共汽车站，提升公共汽车站的容量，减少延误（图11-6）。

（4）新增31个实时到站信息板（图11-7）和更丰富的信息，同时建设智能公共汽车车队管理系统。

图11-6　公共汽车首末站

图11-7　公共汽车实时到站信息板

3. 宜居和包容性强的社区

1）无障碍出行

新增40架行人天桥电梯，实现无障碍过街。同时，在地铁站等公共场所，建设相应的无障碍设施（图11-8）。

2）降低噪声

（1）打造20km 地铁隔离噪声屏，提升周围居住环境（图11-9）。

（2）研究减少交通噪声，提升城市整体生活环境质量。

3）安全

（1）设置超过1000个老人信号，提升老人过街安全。图11-10所示为老人信号灯的操作流程，当老人刷老人公交卡后，信号系统会自动延长绿人信号3~13s，给老年人提供更加充裕的过街时间。

（2）设置超过700个盲人信号，服务盲人出行。

（3）安全提示路标。

图11-8　无障碍设施

图11-9　地铁隔声屏

在读卡器上点击你的卡　　指示灯亮起，Green Man+卡　　绿色小人和计时器
　　　　　　　　　　　会有另外的声音和振动　　　会出现

只有CEPAS兼容乐龄公交优惠卡和Green Man+卡的持有者才适用。

图11-10　老人信号的操作流程

4）环保奖励与公共空间

主要着手于两大方面，一是调整碳排放车辆计划，减轻环境污染；二是设置无车/少车区，在繁华的商业区或者历史文化区，提供更多的步行空间。

以上三大方面交通规划的实现时间线如图11-11所示。

图11-11　各大交通规划项目的实施时间线[2]

参考文献：

［1］新加坡交通部 http：//www.mot.gov.sg.

［2］陆路交通发展规划蓝图2013［EB/OL］.http：//www.lta.gov.sg/content/dam/ltaweb/corp/PublicationsResearch/
　　　files/ReportNewsletter/LTMP2013Booklet-Eng.pdf.

第十二章　相关规范

第一节　道路交通法、道路交通规则

新加坡《道路交通法》[1]（Road Traffic Act，RTA）是1961年发布、实施的，50多年来采取修正案的形式进行了超过65次修订，最近一次修订是2017年完成的。《道路交通规则》是1981年制定的，目前也进行了24次修改。新加坡道路交通安全法律体系由"一法一规多配套规定"构成，其中"一法"是指新加坡国会制定发布的《道路交通法》，"一规"是指新加坡政府根据法律授权制定发布的《道路交通规则》，"配套规定"是指《刑事处罚法》《刑事诉讼法》《停车场地规则》《环境保护和管理规定》等30多部法律法规。《道路交通法》共分为七个部分，包括机动车注册和行驶许可、驾驶证、对驾驶教练和驾驶学校的许可、与道路交通相关的基本规定、公共服务车辆、道路使用规则及其他规定；《道路交通规则》对《道路交通法》进行了全面细化；配套的规定则规定了道路交通犯罪处罚、停车保障、机动车尾气排放等内容。

新加坡交通部的法定机构陆路交通管理局负责全国道路交通工作。按照新加坡《陆路交通管理局法》的规定，陆路交通管理局的主要职责包括六个方面：制定道路交通发展战略和政策；负责道路规划、建设和养护；道路交通设施设计、设置和维护；实施交通需求管理；制定机动车安全性能标准；负责停车管理。此外，涉及道路交通的还有新加坡公共交通理事会（PTC）、新加坡交通警察局（TP）。前者也是交通部的法定机构，主要职责有监管公共交通票价和票务，其主要负责人由政府任命。后者负责道路交通执法管理、道路安全宣传教育等，主要职责包括查处交通违法犯罪案件、处理和调查交通事故、实施驾驶人考试和核发机动车驾驶证。目前，新加坡交通警察局共有300多名交警。

注重严厉惩治道路交通犯罪行为。新加坡《道路交通法》与《刑事处罚法》共同规定了道路交通犯罪的构成和刑罚，主要特点：一是《刑事处罚法》规定了"鲁莽或者危险驾驶罪"，即在公共道路上鲁莽驾驶或者驾驶时疏忽大意，危害他人人身安全的就构成犯罪。二是《道路交通法》规定了两种道路交通结果犯罪，包括"鲁莽或者危险驾驶致人死亡罪""严重交通违法致人伤亡罪"。其中，"严重交通违法"是指驾驶资格被取消后仍然驾驶机动车、驾驶证被暂扣期间仍然驾驶机动车、超速行驶、鲁莽或危险驾驶、"酒驾""毒驾"、拒不接受酒精或者毒品检测等，这些违法行为一旦致人重伤或者死亡，就构成犯罪。三是司法实践中，法官根据案情针对"鲁莽驾驶""危险驾驶""疏忽大意""危害他人人身安全"等违法犯罪行为进行裁量。四是对于初犯的，人身罚最高可达5年；对于累犯的，人身罚最高可达10年。

注重严厉处罚严重交通违法行为。新加坡对重点交通违法行为的处罚力度大，甚至超过了对部分道路交通犯罪的处罚力度（但行政处罚不作为犯罪进行记录），主要特点：一是实施人身罚力度大。新加坡《道路交通法》对重点交通违法行为普遍规定了人身罚，且幅度较高，最长可达2年监禁。对于普通交通违法，人身罚可达3个月监禁。二是实施严厉的财产罚。针对重点交通违法行为的罚款额度都在1000新币（折合人民币约5000元）以上；针对普通交通违法行为，罚款额度最高可达1000新币。此外，还针对在道路上非法驾驶机动车竞速的，可没收机动车。三是重罚累犯。法律明确规定，对于重点交通违法行为累犯的，可以加重处罚，处罚幅度最高可达原处罚的3倍。对于普通交通违法行为累犯的，处罚幅度可达原处罚的2倍。

第二节　有盖廊道导则

在新加坡，现有的有盖廊道长度为200km，将地铁站和主要轻轨及公共汽车站点与400m半径范围内的住、商、学、医设施连接在一起。2013年新加坡陆路交通管理局制定了Walk2Ride计划，决定用5年时间扩展有盖廊道系统，将包括地铁站、轻轨站、公共汽车站在内的交通枢纽、换乘点与附近如学校、购物中心、办公、医院、住宅小区等交通发生吸引点相连接，总长度达到200km。

新加坡陆路交通管理局对新建有盖连廊项目提出了技术要求和指导性意见，包括了有盖连廊项目设计的各个方面，具体如图12-1～图12-4所示。

第三节　二层连廊导则

新加坡市中心和区域中心都是人流集聚的地方，但其交通井然有序，依托的就是无缝衔接立体步行系统。

J-Walk二层空中连廊位于城市区域中心Jurong Lake District。J-Walk是一个将

图12-1　典型的有盖连廊通道宽度和高度[1]

图12-2　典型的有盖连廊通道宽度和高度（地铁口）[1]

图12-3　连接建筑与公交候车棚[1]

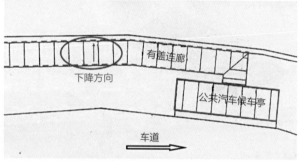

图12-4　有盖连廊标准[1]

Jurong Lake District 中央商务区二层商业、办公、社区医院等主要公共建筑连成一体的空中步行系统。这个步行系统兼具系统性、功能性、舒适性和景观性[1]：

（1）系统性：体现在与周围建筑的互联互通，与地面步行系统的上下贯通，与地铁站、公共汽车站点的无缝衔接。

（2）功能性：空中连廊系统兼具交通性、社会性和经济性功能。立体步行系统将不同出行目的的人流进行分离，避免了交通拥堵，也方便了购物的人群，同时促进了商圈的繁荣。

（3）舒适性：体现在舒适宜人的内部环境。二层有盖步行连廊同周边的商场走廊共同营造了全天候的步行环境，不管刮风下雨，白天黑夜，人们可穿梭其中。

（4）景观性：高品质、个性化的设计使得J-Walk成为公共空间中一道赏心悦目的风景。其有机地融入所连接的建筑物，丰富了城市空间的层次，体现出城市空间的通达性。不仅如此，在J-Walk连廊中驻足，也能拥有很好的视野。

市建局和陆路交通管理局对新建J-Walk项目给出了设计导则，对J-Walk标志标牌颜色、样式、位置等方面给出了具体建议和要求（图12-5～图12-9）。

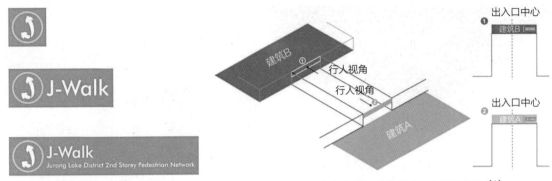

图12-5　J-Walk二层空中连廊标志颜色　图12-6　J-Walk二层空中连廊通道要求（建筑与建筑之间）[1]
与样式要求[1]

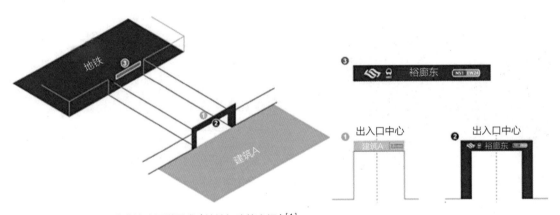

图12-7　J-Walk二层空中连廊通道要求（地铁与建筑之间）[1]

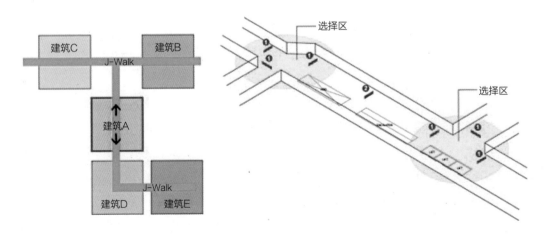

图12-8　J-Walk二层空中连廊形式概念图[1]

图12-9　J-Walk二层空中连廊指引标牌

第四节　道路、轨道建筑设计标准

新加坡陆路交通管理局对道路交通设施布局、设计和建设标准给出了技术标准，包括人行过街天桥、人行过街地下通道、公交候车亭、出租车站、风雨连廊、二层连廊、自行车停车场、盲道等交通设施（图12-10～图12-15）。

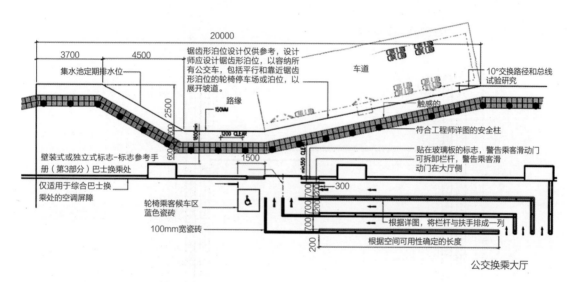

图12-10　典型的公交枢纽站设计要求[1]

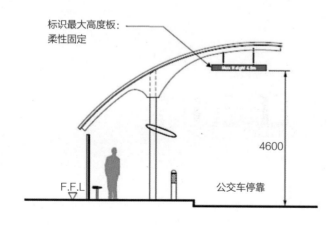

图12-11　典型的公交候车亭设计要求[1]

图12-12　典型的出租车上下客点要求[1]

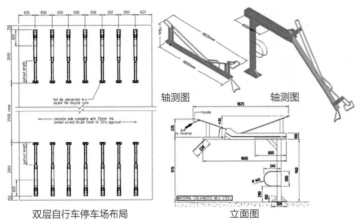

双层自行车停车场布局　　　　立面图

图12-13　典型的双层自行车停车场设计要求[1]

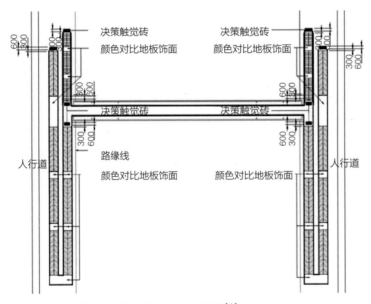

图12-14　典型的人行天桥设计（1∶400）要求[1]

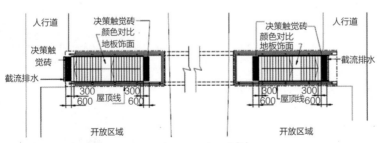

图12-15　典型的地下通道设计（1∶200）要求[1]

参考文献：

[1] 新加坡陆路交通管理局网站 https：//www.lta.gov.sgl.

珠海西部中心城区综合交通规划：基于城市与交通一体化规划理念的规划实践

　　作者在充分借鉴新加坡等国际经验的基础上，紧密结合珠海实际，编制了珠海西部中心城区综合交通规划，这是一次基于城市与交通一体化规划理念的规划实践。规划研究的成果、方案与建议仅供学术参考，不代表珠海有关当局的立场。

第十三章　规划背景与目标

第一节　规划目标

结合新形势，系统优化珠海西部中心城区综合交通系统；引入新加坡等先进城市新理念，明确各阶段交通发展策略；夯实新策略，解决好规划路网的冲突问题，优化道路、公交、慢行系统。全面、系统地优化西部中心城区的综合交通体系，指导交通基础设施建设，支撑控制性详细规划修编。

第二节　规划背景

本次规划的背景如下。

1. 承接港珠澳大桥优势资源，建设国际宜居城市

珠海正致力于建设国际宜居城市。横琴自贸区快速发展，港珠澳大桥2018年通车。根据珠海市概念规划，珠海未来的城市发展、人口规模将发生巨大变化。西部中心城区作为"一核两心"城市布局的西部中心，将是珠海市未来拓展的重要方向，未来的现代化田园新城。其中，交通系统的规划与发展策略，将是一个重要的关键。珠海的城市发展目标更提出把珠海建设成为产业创新引领、全域协调发展、生态安全永续、功能国际接轨、社会包容共享的现代化宜居宜业城市，这些为城市交通的发展提出了更高的要求。

2. 完善西部中心城区交通发展策略，推动珠海城市空间拓展

西部中心城区是珠海向西部空间拓展的重点，交通是支撑西部中心城区发展的关键，高端谋划西部中心城区的交通体系，提出支撑西部中心城区空间发展的关键交通项目，是未来西部中心城区交通的重中之重。

3. 贯彻概规理想，有机实现城市建设

概念规划为珠海勾勒了一张美好的蓝图，西部地区是概规中的重要发展地区，如何落实概规，打造西部中心城区交通系统是当务之急。

4. 推动TOD理念，实现西部中心城区集约发展

TOD是西部中心城区发展的重要理念，西部地区已经开展了全区的TOD发展规划，如何统筹概规的空间发展规划，把TOD发展落到实处是西部地区交通发展的关键。

5. 贯彻公交优先，落实公交林荫大道

在西部TOD规划中，提出了公交林荫大道的规划理念，如何在西部地区落实这个理念，做出具有西部城区特色的公交林荫大道，需要开展详细的交通规划研究。

第三节　规划范围与年限

1. 规划范围

研究范围涵盖珠海西部中心城区，东至天生河、坭湾门水道，南至西湖大道，西至机场高速、鸡啼门水道，北至粤西沿海高速。规划区总面积约为248km²。同时将考虑连接其他西部地区的交通。

2. 规划年限

近期年：2020年，远期年：2030年，远景年：2060年。

第四节　规划依据及参考资料

1. 规划依据

（1）《珠海市城市总体规划（2001—2020年）》（2015年修订）；

（2）《珠海市空间总体概念规划》；

（3）《珠海西部地区TOD发展规划》；

（4）《珠海西部生态新区发展总体规划（2015—2030年）》；

（5）金湾区、斗门区土地利用总体规划（2010—2020年）；

（6）《珠海市综合交通体系规划（西部地区）》；

（7）《珠海市城市规划技术标准与准则（2015年版）》；

（8）国家相关规范标准。

2.　参考资料

（1）《珠海西部中心城区总体规划》（在编）；

（2）《珠海市西部城区控制性详细规划（A、B片区）》；

（3）金湾区、斗门区土地利用总体规划（2010—2020年）；

（4）《珠海市综合交通体系规划》；

（5）《珠海市综合交通运输体系发展"十三五"规划》；

（6）广东省、珠三角和珠海市历年统计年鉴以及其他相关资料。

第五节　规划重点与技术路线

1.　规划重点

结合珠海市和西部中心城区空间和交通发展特征与趋势，提出以下四个重点关注的问题：

（1）借鉴新加坡等先进城市的成功经验，落实以人为本、绿色低碳、高效集约、公交优先等先进理念；

（2）优化道路网功能和布局，与空间和用地协调；

（3）加强综合交通枢纽一体化规划控制，切实推进TOD规划、建设和管理；

（4）提升步行和自行车出行环境，打造高品质、生态、宜居的交通环境。

2.　技术路线

针对珠海西部中心城区交通发展的特征、问题、要求和挑战，采用目标导向与问题导向相结合、定性分析与定量分析相结合的工作思路，确定规划原则和技术路线（图13-1）。

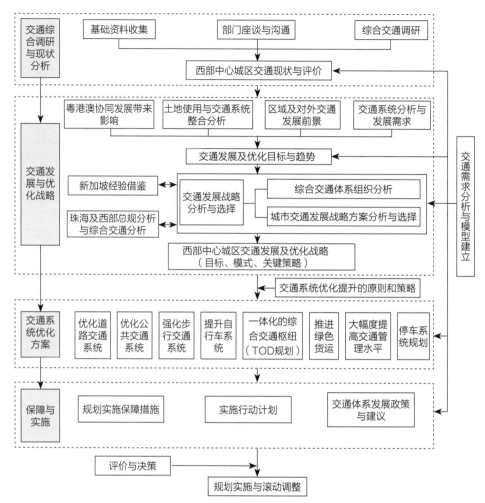

图13-1　规划研究技术路线

第十四章　交通优化提升的思路和重点

第一节　交通发展趋势分析

1. 趋势1：亟须提升既有交通系统支撑区域协同一体化发展

"一带一路"、港珠澳大桥、横琴自贸区给珠海西部中心城区带来机遇与挑战，主要从以下三个方面加强交通联系，加强区域交通一体化：①毗邻海港、空港，应将区位优势落实，加强疏港通道建设，打造陆海、陆空联运，推动西部中心城区走向国际市场；②对接港澳的桥头堡，主动承接港珠澳大桥的优势资源；③加强与横琴自贸区的互动。

2. 趋势2：交通需求持续增大

珠海市和西部中心城区在未来一段时间经济将持续增长、人口大幅增加、交通需求快速增大。西部中心城区的建设将对珠海市的城市格局带来重大影响，将形成概念规划"一核两心"的西部中心，随着西部中心城区开发建设，经济持续增长，人口大幅增加，交通需求将快速增大，需要高效集约的交通系统满足日益增长的交通需求。

随着"十三五"期间东西向香海路、港珠澳大桥西延线高速、金海路的建设，西部中心城区与东部中心城区的交通联系更加便捷，西部中心城区建设和发展必将迎来全面加快的时期，尤其是交通设施建设与发展需超前谋划。

3. 趋势3：高品质交通的需求逐渐增强

珠海市长期坚持生态宜居城市建设，西部中心城区是珠海市的延伸和拓展。西部中心城区独特的山、水、城、田园格局有利于塑造现代化山水田园新城，促进人与自然和谐、产城融合发展，构建宜业、宜居、宜游的城市发展格局，成为生态文明和新型城镇化建设的示范区，需要打造高品质生态、以人为本的交通环境，推动营造"望山见水"的城市景观风貌。

第二节　面临的挑战

1. 区域的合作与竞争不断加强，区域交通基础设施面临新的挑战

珠海市西部中心城区现有的区域级交通基础设施相对薄弱，在新一轮产业升级和生产组织全球化发展的形势下，面对泛珠三角区域合作发展的推进、珠三角区域的发展协调、珠港澳、珠中江进一步融合等外部环境的发展变化，西部中心城区区域交通需求呈现持续快速增长态势，运输方式需求进一步多样性。现有区域交通设施面临新的挑战，必须通过强化区域级交通基础设施来进一步提升西部中心城区区域辐射能力，适应区域化发展要求。

2. 城市化进程的迅速推进，使城市交通基础设施特别是大容量公交的引导作用面临新的挑战

西部中心城区尚未完全形成一体化的城市干线道路体系，轨道交通骨干网络尚未形成，缺少支持多种交通方式高效转换的枢纽体系。随着经济的快速发展和城市化进程的迅速推进，城市交通出行总量将迅猛增长，出行距离大幅增加，快速交通特别是大中容量快速公交引导作用至关重要，伴随着多种交通方式的出现和功能细分，各种交通方式的衔接也成为未来交通系统高效运行的关键，因此必须加强一体化的交通基础设施建设，适应城市发展。

3. 客货运交通需求的迅速增长以及摩托车方式的引导和转移，使交通方式结构面临新的挑战

摩托车在机动化方式中的分担率达到31.9%，小汽车发展迅猛，与之相比，现状公交设施却严重不足，公交出行仅占全方式的5%，远低于其他城市发展水平。随着珠海市和西部中心城区社会经济的持续快速发展，相应的道路交通设施供应远远不能满足需求。必须大力扶持公交发展，构筑以公交为主体的交通方式结构。

4. 社会经济的发展以及生活水平的提高使交通服务水平面临新的挑战

近年来，西部中心城区特别是斗门城区的交通拥挤不断加剧，随着交通拥堵程度的增加，交通环境持续恶化，机动车尾气污染和噪声污染逐年加剧，交通安全形势也极为严峻。西部中心城区交通整体出行环境与珠海东部城区差距较大，与宜居城市、幸福城市的要求相去甚远，随着生活水平的提高，必须大力提高交通出行的机动性、畅达性、舒适性等，改善交通安全和环境保护，提高人们生活的便捷性和宜居性。

第三节 经验借鉴

新加坡对珠海西部中心城区的规划具有良好的经验借鉴，由于在第一篇中已经详细介绍了新加坡的交通发展经验，故在此不再赘述。

1. 其他宜居城市经验[1][2]

北欧城市历史悠久，古老建筑随处可见，其城市街道普遍不宽，但慢行空间都能得到充分保障；其很少有大院、墙头，断头路也很少，交通秩序井然；其私人小汽车拥有率很高，但都具备高品质的公共交通系统，能够高质量地适应高峰通勤出行，支撑一个强大的市中心，同样拥有唯美宜人的郊区新城；其虽然城市规模不大，但都具有公平、高效的交通政策，能够考虑不同人群的需求；其更以完美的区域规划而闻名世界，特别是城市与交通发展融为一体，各类交通方式高度整合，以人为本的细节之美处处体现等都十分值得借鉴。

1）北欧城市交通发展概况

（1）赫尔辛基

大赫尔辛基地区（Helsinki Region）由赫尔辛基及周边共14个城市组成，陆地面积3697km²，人口136.6万，就业岗位74.5万个。赫尔辛基市陆地面积213km²，人口59.5万，就业岗位40.8万个。赫尔辛基都市区（Helsinki Metropolitan Area）由赫尔辛基和万塔、埃斯波、考尼艾宁等4个城市组成，陆地面积772km²，人口106万，就业岗位63.8万个。

可见，赫尔辛基都市区集中分布了85%以上的就业岗位，每天至赫尔辛基都市区的通勤出行在12万人次以上，其通勤吸引范围达100km，在50～70km的区域，仍有20%左右的通勤出行至都市区。

赫尔辛基市拥有私人小汽车24万辆，千人拥有约403辆，外围地区千人小汽车拥有更是高达430辆以上。较高的小汽车拥有率及使用率使得赫尔辛基都市区公共交通分担率逐年下降，在机动化方式中的比重由66%下降至41%，在全方式中的比重为26.5%，而在都市区以外的其他地区公共交通分担率仅有8.8%。

尽管小汽车出行在赫尔辛基占据了主导地位，但赫尔辛基仍拥有一张由有轨电车、公共汽车、地铁、通勤铁路、渡轮等构成的密集公共交通服务网络，白天步行700m可达公共交通车站，偏远郊区高峰小时公交发车间隔在10～15min。日均公共交通客运量92.1万人次。

赫尔辛基交通系统由都市区的4个城市扩展至大赫尔辛基14个城市，大赫尔辛基交通局（HSL）管理区域内的通勤铁路以及公共汽车，公共汽车包括赫尔辛基市内公交、其他地区公交以及区域公交，其中区域公交主要服务于缺少铁路覆盖的部分郊区及邻近城市，并直接联系市中心交通枢纽。赫尔辛基市交通局管理市内有轨电车、地铁以及渡轮系统。

（2）斯德哥尔摩

斯德哥尔摩市由14个岛屿组成，陆地面积188km²，人口约86.4万；斯德哥尔摩郡（Stockholm County）包括26个市，陆地面积6488km²，人口约206.4万。

斯德哥尔摩市集聚了大量就业岗位，每天大约有52.5万人在此工作，其中约23.7万人来自于周边城市，通勤出行圈覆盖半径超过50km。

斯德哥尔摩市拥有私人小汽车30万辆，千人拥有约350辆，斯德哥尔摩郡拥有私人小汽车80万辆，千人拥有约390辆，略低于大赫尔辛基；斯德哥尔摩市公共交通出行分担率约为30%，占机动化出行的48%左右。

斯德哥尔摩同样具有非常发达的公共交通系统，包括地铁、通勤铁路、轻铁、公共汽车和部分渡轮，所有服务均由私营机构提供，但由隶属斯德哥尔摩郡议会的AB Storstokholms Lokaltrafik（SL）公司统一管理，所有公共交通系统采用统一票价，相互之间换乘无需重新购票，日均公共交通客运量约为192.3万人次。

（3）哥本哈根

哥本哈根市陆地面积88km²，人口约55万；首都地区（Capital Region of Denmark）包括29个城市，面积2561km²，人口约170万。

大哥本哈根地区千人拥有小汽车约225辆，低于赫尔辛基和斯德哥尔摩，同时由于自行车优先政策的实施，以及小汽车共享与公共交通的整合措施，使得哥本哈根市慢行交通占据主导地位，而公共交通出行分担率约22%，占机动化出行的40%左右。

哥本哈根公共交通系统由铁路、地铁和公共汽车组成，且在整个大哥本哈根地区票务系统完全整合为一体，日均公共交通客运量约为110.5万人次。

哥本哈根地铁系统由Metroselskabet负责运营管理，该机构由哥本哈根市（50%）、丹麦政府（41.7%）和腓特烈斯贝市（8.3%）共同拥有，现有自动驾驶地铁线路2条，长约21km，22座车站，日均载客约14.8万人。

区域铁路（S-tog）由丹麦国家铁路公司负责运营管理，联系郊区与哥本哈根市中心，共有线路7条，全长约170km，85座车站，日均载客约35.7万人次。

Trafikselskabet Movia是哥本哈根地区公共汽车管理机构，运营六种不同线路，A Bus非常高效、可靠，高密度运行，与火车站及主要交通枢纽具有良好衔接；S Bus为郊区线路，快速、跨站运行，联系S-tog车站和公交枢纽；E Bus为高峰期开行的快线公交，联系郊区与市中心主要工作场所和交通枢纽；P Bus为地区公交，主要定位为联系铁路车站与居住区或工作场所的穿梭公交；N Bus为夜间线路，Havnbus为水上公交；公共汽车共计约1400辆，日均载客约60万人次。

第二篇 珠海西部中心城区综合交通规划：基于城市与交通一体化规划理念的规划实践 **147**

2）北欧城市成功经验借鉴

（1）轨道交通引导城市空间拓展

埃利尔·沙里宁在1918年大赫尔辛基规划中提出"有机疏散"理论，引导单中心的城市空间结构转化为功能相对独立、空间相对分离的多中心分散型结构，对后来卫星城的建设起到巨大的推动作用，特别是二战后斯德哥尔摩、哥本哈根实施的区域规划，都是城市发展与轨道交通协调发展的典范。

1947年哥本哈根"手指形态规划"以及1945～1952年斯德哥尔摩城市总体规划，都明确提出引导区域沿着由轨道交通线路清晰地划出的走廊沿线开发新城，保证区域内很大比例的人口、就业能够使用轨道交通通勤出行，并将出行时间控制在45min以内。经过60多年的发展，哥本哈根的指状形态、斯德哥尔摩的星形多中心布局清晰可见。特别是斯德哥尔摩，通过将新城内居住和就业的平衡让位于新城之间的平衡，新城之间通过方便、快捷的轨道交通服务实现双向平衡的客流，使得轨道交通系统得到更加均衡、高效的利用。

哥本哈根、斯德哥尔摩外围新城开发与轨道交通建设高度整合，在大多数新城中，公共建筑和高密度住宅区集中布置在轨道交通车站周围，低密度的住宅区则通过人行道和自行车道与轨道交通车站相连。这就使人们愿意选择在车站周围工作或居住，从而为轨道交通提供了大量通勤客流，而通勤客流的存在又促进沿线的商业开发，工作、居住和商业的混合开发进一步方便轨道交通乘客，并继续推动沿线土地开发（图14-1）。

（2）不同交通方式之间的高度整合

首先，北欧三市都具有非常完备的公共交通服务网络，通勤铁路、地铁、公共电（汽）车、水上公交等共同为整个大区服务，通勤铁路快速联系郊区与市中心，地铁、电车则主要为中心城区服务，公共汽车线路灵活多样，满足不同出行服务需

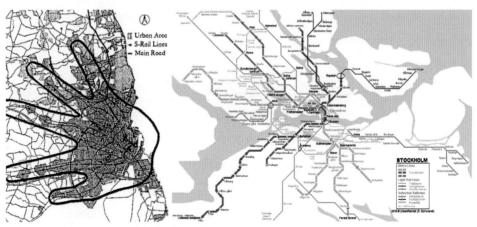

图14-1 哥本哈根、斯德哥尔摩轨道交通引导区域发展

求，水上公交以旅游观光为主，尽显城市魅力。尽管公共交通行政管理体制各不相同，如斯德哥尔摩所有公共交通服务均为私营机构提供，哥本哈根区域铁路则由丹麦国家铁路公司经营，但通过相关制度、政策的有效实施，在市场运作的情况下政府做到可调控，公共交通系统内部做到了真正的无缝整合，票制票价完全实现一体化，消除了换乘障碍，减少了换乘时间，提高了吸引力。

对于人口密度不算高的北欧三市，公共交通在全天全方式中的出行分担率并不太高，都在20%～30%之间，但是在高峰期进入城市中心区的通勤出行中，完备、一体化的公共交通网络发挥了巨大作用，出行分担率都在50%～60%以上，很大程度上缓和了市中心的交通拥堵。

另外，北欧三市的放射状铁路系统都深入城市中心，形成中央火车站（Central Station），铁路与地铁之间在建筑内部形成便捷的立体换乘，由于铁路主要为郊区与市中心的联系服务，铁路与地铁之间基本形成开放、统一的整体。

火车站建筑之外与其他地面交通工具也形成无缝换乘，通过合理的交通组织确保人车分离，并提倡通过公交、自行车等绿色交通工具集散。如赫尔辛基中央火车站，东西两侧各有一个公交枢纽站，自行车停放处最接近车站出入口，小汽车停车库及临时停放处偏于一角，并靠近交通性干路。

在外围轨道交通车站，则通过完善的交通接驳设施，有效提高车站的可达性，如完善的步行系统和自行车路网方便慢行交通集散，支线公交车站设在轨道交通车站附近，将更大范围内的出行者汇集到轨道交通系统。

（3）重视慢行交通、注重人性化设计

赫尔辛基、斯德哥尔摩、哥本哈根都十分重视慢行交通，慢行交通在全方式出行中的分担率都接近甚至超过40%。

赫尔辛基的慢行系统最让人惊叹，自成体系的慢行车道，所有交叉口和路段的慢行空间都做到了完全连续无障碍，而且慢行系统完全延伸至居住区内。赫尔辛基最特别的慢行廊道是称为"baana"的跨城慢车道，其建在一条以前连接多罗（Töölö）湾和若霍拉赫蒂（Ruoholahti）市郊的货运火车轨道路线上，是一条完全独立专用的路堑式慢行道，平均宽15m，有阶梯与地面相连，联系了火车站、博物馆、国会大厦（图14-2）。

哥本哈根则是世界闻名的"自行车城市"，自行车道规划成为城市道路规划不可分割的一部分，道路建设总投资的1/3用于改善自行车交通环境，通过增加自行车道和自行车线、建设自行车绿色线路、改善市中心自行车使用条件、使自行车与公共交通相结合、改善自行车停车设施、改进灯控路口等措施，全面提升自行车交通的服务水平。目前，自行车道网络遍布市中心地区，总长达到350km，超过1/3的市民上班选择自行车出行（图14-3）。

图14-2　赫尔辛基慢行交通设施

图14-3　哥本哈根自行车交通设施

图14-4　北欧城市精细化、人性化的交通设计

　　整体而言，北欧城市，无论大小都十分注重精细化、人性化的交通设计，路权划分充分考虑行人优先，标志、标线规范清晰，交通组织井然有序（图14-4）。

　　（4）运用价格杠杆缓解交通拥堵

　　北欧三市都十分重视历史资源的保护，古老建筑随处可见，市中心道路没有拓展空间、普遍不宽，为了缓解城市交通拥堵，除了提供优质的服务引导市民更多采用公共交通出行，还运用价格杠杆对小汽车交通进行管控。

斯德哥尔摩于2006年1月3日至7月31日开始试运行拥挤收费政策，收费系统由一条围绕内城的收费环线组成，只在工作日收费，收费时间为6：30～18：30；高峰时段（7：30～8：30，16：00～17：30）通过环线的费用为20瑞典克朗，高峰期前后30min为15瑞典克朗，其余时段为10瑞典克朗，双向收费，每天收费上限为60瑞典克朗。后经公投于2007年8月正式实施，拥挤收费的收益作为专款用于公共交通和道路建设投资。

斯德哥尔摩实施拥挤收费成功的最显著表现是收费政策实施后交通拥堵的缓解（进出收费区域的小汽车通勤交通量减少了20%左右）和尾气排放量的减少，另外该政策会使其他联络线尤其是收费区域周边道路变得更加拥堵、释放的道路空间会在短时间内被其他车辆占据的担忧并未出现，同时斯德哥尔摩具有一个高效的公共交通系统，对出行者来说，出行成本增加负担远低于预期，出行便捷性也能得到保障。

丹麦哥本哈根则通过停车泊位供应和停车收费来调控中心区的小汽车使用，哥本哈根市中心区的停车泊位每年减少2%～3%，且实行差别化的停车收费政策，周一至周六8：00～17：00，最核心的红色区域29丹麦克朗/h，绿色区域17丹麦克朗/h，蓝色区域10丹麦克朗/h，18：00～23：00均为10丹麦克朗/h，23：00～8：00均为3丹麦克朗/h，公众假期停车免费。与此同时，在中心区外围重要的公共交通换乘站附近设置免费或低价的停车泊位，为驾车者换乘公共交通进入中心区提供方便。

2. 对珠海西部中心城区交通发展的启示

1）强调公共交通引导的轴向开发

对西部中心城区，应避免所谓的公共交通优先发展还停留在交通系统本身层面上，城市规划与交通规划互动协调不够，发展过程中缺乏公共交通引导，往往成为卧城，高峰期的通勤出行给城市交通带来巨大压力，因此，应学习新加坡和世界其他宜居城市的成功经验，强调大容量公共交通引导的轴向开发，特别是轨道交通，应将轨道交通覆盖的人口、就业岗位作为规划的重要衡量指标。

2）完善公共交通服务层次和网络

另外，国内城市公共交通系统内部缺乏层次，与其他系统之间缺乏协调，无法满足日益多样化的出行需求。结合城市空间布局和客流分布特点，引入一体化和分区分层的思路，完善公共交通服务层次和网络，将城际轨道交通和城市轨道交通、有轨电车和快速公交整合，一体化考虑，城市中心城区以轨道交通为主，郊区与城市中心联系发展快速公交、公交快线系统，公共汽车线路综合考虑各类需求多样化设置，并通过票制票价上的一体化整合，鼓励多乘、换乘，重点解决高峰期的通勤出行。

3）倡导以人为本的绿色交通体系

国内城市人口密度更高，且具有较好的慢行交通基础（慢行交通分担率基本在45%以上），但慢行空间却一再被压缩，步行、自行车出行环境不断恶化。西部中心城区将反思交通政策，合理应对机动化进程，客观分析各类交通方式的适应性，在道路规划、设计、建设全过程中充分考虑行人和自行车的出行空间需求，并强调与公共交通系统的对接，应开展精细化设计，从细节上体现人性化，形成连续、舒适、安全的以"慢行+公交"为主的绿色交通体系。

4）"推拉结合"（Push-Pull）缓解交通拥堵

近年来，国内多个城市采取了一系列限购、限行以及停车调控举措来应对交通拥堵问题，并提出适时推行中心区交通拥堵收费。但任何制度的实施都要综合考虑决策的公平性，以及相应的配套措施。西部中心城区作为生态新区，建议加强停车管理，特别是高密度地区的停车管理，同时加快提升公共交通服务水平。

5）严格开发控制

科学的规划需要严格的开发控制来保障规划建设的实施，建议在西部中心城区范围内制定详细规划设计导则，进行交通影响评价，加强政府在项目立项、施工、竣工、使用全过程中的评价、监督和管理，确保规划方案的落实。

第四节　交通发展愿景与目标

在全面把握未来交通发展趋势的基础上，根据珠海市和西部中心城区建设世界宜居城市的战略目标和发展愿景，西部中心城区交通发展迫切需要构建一个高竞争力的"以人为本、生态宜居的一体化交通体系"，整体交通系统必须提供高质量的设施和服务，就是舒适、可达、便利、安全、快速、可支付。

1. 支撑珠海市和西部中心城区快速发展

（1）国际竞合；

（2）东部传承；

（3）西部辐射。

2. 引导西部中心城区空间布局的形成和发展

（1）空间紧凑；

（2）土地集约；

（3）运输低碳。

3. 打造以人为本和高品质的交通体系

（1）多元一体；

（2）高效便捷；

（3）宜业宜居。

以交通发展总目标为指引，珠海西部中心城区，实现西部中心城区综合交通体系的绿色、人文、智慧和一体化四大交通发展策略：

（1）绿色交通：发展低能耗、低污染、低排放的绿色交通，提倡公交和慢行出行，打造安全、连续、生态、宜居的可持续交通系统。

（2）人文交通：道路空间和交通设施向公共交通、行人和自行车交通倾斜，结合山水人文特色，构建以人为本，打造宜业宜居的生活空间。

（3）智慧交通：建设具有国际先进水平，并能在西部中心城区具体交通管理实践中发挥强有力作用的交通信息化系统和智能交通系统，更好地引导交通需求，提高交通运行效率，确保交通基础设施承载力不超负荷。

（4）一体化交通：融合交通与土地利用，通过强化枢纽建设、构建以公共交通为导向的城市发展模式，整合交通系统，打造多方式的无缝衔接，以及加强各部门协调，推进一体化综合交通管理机制。

具体目标为：

① 区内30min、与其他组团1h门到门的通勤圈；

② 绿色交通分担率80%；

③ 步行5min内到达公交站点；

④ 城市物流3h内送达；

⑤ 末端交通系统无缝衔接。

为实现珠海西部中心城区的发展目标，需要实现交通发展方式的五大突破：

（1）运输方式由相对分散向综合高效转变；

（2）出行结构由个体机动交通为主向公共交通和绿色交通主导转变；

（3）交通服务由满足型向优质型转变；

（4）交通发展由粗放型向精细集约型转变；

（5）交通排放由高耗低效向低碳环保转变。

第五节　交通发展战略和优化策略

为了实现上述交通发展目标，珠海西部中心城区必须大力提高对外交通通达性、辐射力和影响力，引导珠海市城市空间布局形成，着力提升公交服务能力和水平，确立轨道公交主导的城市客运交通结构，适度满足私人交通需求，主要满足机动化和货运交通需求，控制机动车过快增长，维持交通供需的基本平衡，大幅提升交通环境品质，着力发展步行和自行车系统，建立低碳、生态交通空间。

围绕上述战略，主要有以下四项交通优化策略。

策略一：一体化交通战略，协调交通与土地

通过交通与土地利用协调政策，建立可持续的交通与土地开发关系，从规划、开发、建设、管理等环节上把土地使用与交通融合在一起，利用交通系统引导和支持城市的空间结构的调整。

1. 开发强度与交通供给相协调

用地开发强度不超过交通承载能力，加强TOD开发引导，高强度开发区域与枢纽和轨道站点相结合。在新区建设中保证交通用地，与开发用地一起规划，按照规划同步建设。降低瓶颈两侧开发强度，减少跨越瓶颈的交通需求。

2. 客运枢纽与用地开发相结合

核心区客运枢纽采取分散式布局，在用地局促的地区采用建筑综合体形式（配建模式），与地下空间和上盖物业结合，枢纽周边用地高强度开发，带动新城或组团发展。

3. 完善交通影响评价制度

制定符合西部中心城区发展实际的交通影响评价指标体系，在项目选址、论证及片区控制性规划中规范交通影响评价的审批制度。

4. 协调道路与用地关系

协调道路功能与沿线用地性质和开发强度，在交通性道路沿线避免开发大型商业区、办公区等客流较为集中的业态。

5. 交通宁静化

在大型居住区内部，通过路段改造和渠化等措施降低车速，创造宁静的生活空间。

6. 合理组织货运交通

减少对外交通运输对城市运行的干扰，采取"内客外货"的布局原则，合理组织货运交通。

策略二：加快道路网建设，提高道路利用效率

整合道路网和公路网体系，加快道路网建设，在西部中心城区范围内构筑布局完善、等级结构合理、功能清晰的一体化城市干线道路网络，提高面向港、澳、珠三角特别是珠海东部城区的连通性和辐射力，促进区域的协调发展，形成西部中心城区范围内高效畅达的交通体系，支持产业布局和城市开发建设的需求。

（1）持续推进城市快速路的规划、建设，到2020年形成总长约51km，到2030年形成总长约81km，到2060年形成约118.3km，连接珠海市市中心、各次中心、各功能组团以及各主要物流中心的城市快速路网络。

（2）推进主次干道等道路建设，尽快形成支持西部中心城区城市开发建设、加快城市化进程的城市道路网体系。

（3）完善核心区低等级城市道路系统，增加次干道，提高核心区支路网密度。核心区道路网密度达到12km/km^2。

策略三：大力发展公共交通系统

在西部中心城区全面贯彻落实公交优先政策，明确公共交通服务的公共政策属性，在投资上向公共交通倾斜，规划、建设、交通管理上全面实施公共交通优先，运营、服务上体现以乘客为本。加快轨道交通建设，逐步形成轨道交通和地面常规公共交通并重，出租车、班车、校车以及公共自行车等多种方式为补充，服务多样化的公共交通体系。

1. 加快轨道交通建设

加快城市轨道交通建设，提高轨道交通在公共交通中的分担比例。增加核心区轨道交通站点密度，利用轨道交通引导城市中心建设。

2. 落实公交设施和用地保障力度

优先保障公共交通发展用地需要，落实城市公共交通规划确定的停车场、首末站、调度中心、换乘枢纽等设施，引导并规范公交场站设施与土地开发项目同步建设。提高公共交通的舒适性、换乘便捷性和服务水平，加快智能公交系统建设，提高公交运输的效率。

3. 保障公共交通路权

在城市道路资源分配和路口放行上给予公共客运优先权，特别是保证瓶颈截面道路的公交路权。

在交通管理和道路资源分配上，突出公共交通优先，在信号、路权分配、交通组织上贯彻公共交通优先的政策。

近期在城市客运走廊上，全面设置公共交通专用道，推进公交优先。

4. 优化常规公交组织，调整公交运营体制

结合枢纽和轨道线网建设，逐步实施公交分区运营。依托枢纽和轨道站点，优化分区内常规公交线网和换乘，减少常规公交线路跨越分区。

5. 改进公交票制和收费政策

建立公共交通服务标准，加强政府监管，实施政府主导下的有限竞争。按照政府购买公交服务的模式，科学核算、优先落实公共交通的投资和收费政策。

提供多样化的公共交通服务，推广免费换乘，提高公共交通出行吸引力。

6. 鼓励准公交方式

鼓励校车、班车、大型社区接驳公共汽车、多人共乘等准公交方式，允许全天或分时段驶入公交专用道。

7. 提高出租车管理和调度水平

发挥出租车对城市公共交通服务的补充作用，合理控制出租车运力投放，加强信息化、规范化运营管理，推行预约服务、多人共乘服务等方式。

8. 建设综合客运枢纽

一体化规划、建设、运营和管理公共交通与各种衔接交通方式。在城市规划中落实公共交通枢纽与各类场站的用地，采用场运分离、建管分离的模式，保障公共交通场站与枢纽的健康运行。

策略四：提升步行和自行车交通

在西部中心城区全面提升步行和自行车出行环境，打造高品质生活的宜居城区，保障步行和自行车交通的基本路权，充分发挥步行和自行车在中短距离公共交通接驳换乘中的主体作用。

1. 保障步行和自行车路权

人行道与机动车道应通过绿带、路缘石等进行硬隔离，人行道与自行车道应尽可能实行硬隔离。在核心区、居住区实行步行和自行车出行者优先措施。重视无障碍交通设施的建设。

2. 充分发挥步行和自行车在中短距离公交换乘接驳的主体作用

规划将重点围绕轨道交通站点，推进建筑物之间的人行连廊和通道建设，构筑立体步行系统。

3. 鼓励发展公共自行车

在公共自行车试点的基础上，逐步推广公共自行车系统。将公共自行车纳入公共交通范畴，与轨道站点、公交枢纽建设相结合，将公交一卡通功能延伸到公共自行车租赁系统。在投资、补贴等方面加大对公共自行车系统的支持力度。

4. 建设绿道网络

沿水系、公园、环山路等生态廊道建设绿道网络，串联重要景区和城市开敞空间。因地制宜，制定绿道建设标准，绿廊系统、慢行系统、服务设施系统、标识系统、交通衔接系统的设置标准、建设通则等规划建设要求。

参考文献：

［1］陆化普. 生态城市与绿色交通：世界经验［M］. 北京：中国建筑工业出版社，2014.
［2］中国工程院课题研究组. 城市群协同发展交通战略与政策研究报告［R］，2017.

第十五章　综合交通需求预测与模型建立

第一节　模型总体设计

1. 模型工作目标

建立综合交通模型是进行交通需求预测的重要手段，也是交通规划的核心内容之一，其目的是为交通系统的规划、交通发展政策的制定、交通网络设计以及方案评价提供依据。

本次规划建立的综合交通规划模型是在原有的2010年珠海市综合交通模型的基础上，对西部中心城区的原有交通小区进行重新划分，并对参数进行校正，重新建模，开展西部中心城区交通需求分析，以测试西部中心城区的交通承载力。同时，通过对模型功能的扩展和更新，使其能长期应用于珠海市西部中心城区的规划、建设和管理。

2. 模型功能定位

交通规划模型的建立应具有长期性和系统性，基于本次规划建立的珠海西部中心城区综合交通规划模型将成为后期珠海西部中心城区综合交通规划模型功能拓展和完善的基础。因此，根据本次规划的整体工作要求和西部中心城区现阶段的发展特征和基础条件，确定本次交通规划模型建立的功能定位为：

（1）模型架构科学合理，逻辑结构清晰，方便后期对交通模型的功能拓展以及模型更新。

（2）便捷的人机交互界面，体现交通模型的可操作性。

（3）建立符合珠海西部中心城区交通运行特征的交通模型，能够客观反映珠海西部中心城区的交通出行分布特征、交通走廊分布以及对外交通需求。

（4）基于现状标定的交通模型，以西部中心城区总体规划和交通规划为依据，建立规划年的交通需求分析模型，分析主要交通走廊及片区联系交通需求，诊断分析交通瓶颈，为规划方案评价提供依据。

（5）建立交通基础信息数据库，满足交通模型的拓展性和分阶段建设要求。

3. 模型范围

珠海西部中心城区交通规划模型的设计范围为：北起粤西沿海高速，南至湖滨路——大门口水道，东起天生河——圻湾门，西至机场高速——鸡啼门水道，总规划面积为248km²。

由于本次研究范围为城市新区，从城市发展的角度来看，规划年研究范围内的用地布局以及交通特性等均与现状有较大差异，因此本次模型中路网要求详细到次干路及以上等级。对纳入模型范围的斗门、中山、乾务以及三灶新城等部分地区，仅考虑影响西部中心城区交通运行的主要联系道路。

4. 设计年限

规划模型设计年限与规划方案一致，分为近期、中期和远期三个阶段。其中，近期目标年为2020年，中期目标年为2030年，远期目标年为2060年。

5. 模型基本构架

根据本次规划的主要内容以及要求，采用经典的四阶段模型为主骨架进行本次建模工作。四阶段模型是宏观交通需求分析中最常用的一种交通需求预测方法，属于集计模型，将交通需求预测工作分成四个阶段进行：

（1）交通生成预测，是交通需求分析工作中最基本的部分之一，目标是求得研究对象地区的交通需求总量，即交通生成量，进而在总量的约束下，求出各个交通小区的发生与吸引交通量。本次规划采用面积原单位法和人口原单位法进行预测。

（2）交通分布预测，是把交通的发生与吸引量预测获得的各小区的出行量转换成交通小区之间的空间OD量，即OD矩阵。本次规划采用双约束重力模型进行预测。

（3）交通方式划分，以居民出行调查数据为基础，研究人们出行时的交通方式选择行为，建立模型，从而预测基础设施或交通服务水平等条件变化时交通方式之间交通需求的变化。本次规划利用Logit模型进行预测。

（4）交通分配，是通过路径选择将OD流量加载到各个路段、路口上，求出各路段上的流量以及相关的交通指标，从而为交通网络的设计、评价等提供依据。本次规划采用用户均衡分配模型进行分配（图15-1）。

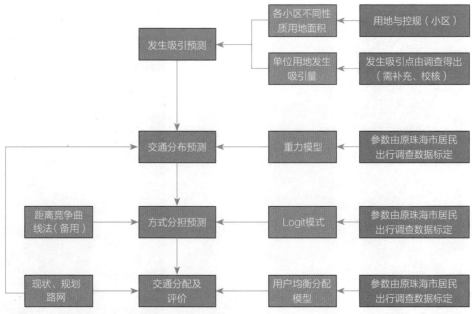

图15-1　珠海西部中心城区交通需求预测技术路线

第二节　交通模型基础数据

1. 土地使用

2020年西部中心城区用地依据2020年珠海市城市总体规划，建筑用地约为105.27km²（图15-2）。

2030年西部中心城区用地依据2030年珠海市西部中心城区总体规划以及A、B片区控制性详细规划，建筑用地约为129.48km²（图15-3）。

2060年西部中心城区用地依据概念性空间发展规划，建筑用地约为155.37km²（图15-4）。

2. 交通小区划分

交通小区是交通特性分析的基础单元，交通小区划分的目的是确定出行起讫点

图15-2　2020年珠海西部中心城区规划用地图

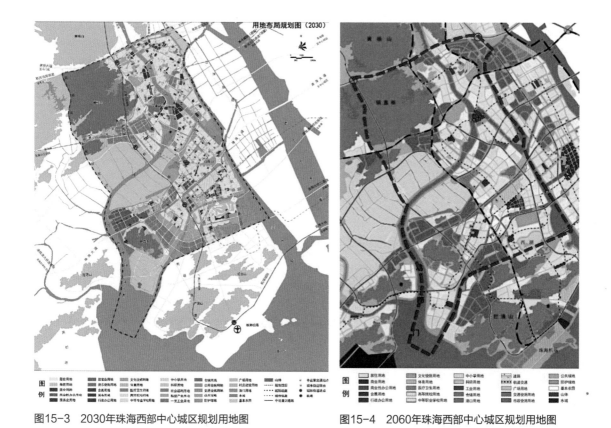

图15-3　2030年珠海西部中心城区规划用地图　　　　图15-4　2060年珠海西部中心城区规划用地图

的空间位置，因此不论交通调查、分析和交通模型的建立，都必须将研究区域划分成交通小区，以便于数据整理计算。

本次交通模型建立时，以珠海西部中心城区总体规划为依据，根据规划年用地性质和空间结构特征等将交通小区划分为大区、中区和小区以及对外联系小区。

交通大区依据西部中心城区总体规划中的片区管理单元划分为12个（图15-5）。

由于研究范围内用地类型的多样化，为便于交通特性分析，将研究范围划分为47个交通中区、157个交通小区。同时，根据西部中心城区交通运行的主要联系道路划分了13个外部小区（图15-6）。

3. 交通生成预测

本次规划交通生成预测主要利用面积原单位法和人口原单位法进行交通发生与吸引的计算，两种方法并行计算，相互验证、相互补充，择优选择较为合适的预测结果，必要时采用两种方法预测结果的均值作为最终交通发生吸引量。

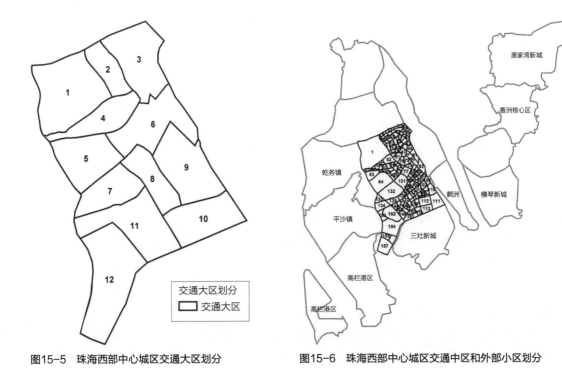

图15-5　珠海西部中心城区交通大区划分　　　　图15-6　珠海西部中心城区交通中区和外部小区划分

1）面积原单位法

利用西部中心城区的土地利用性质和珠海市的出行发生吸引率，计算交通发生吸引量。

土地利用性质来源于控制性详细规划，出行发生吸引率参考《珠海市综合交通规划》（2012年）中居民出行调查数据（2010年）对不同地块的交通发生吸引量调查数据计算得出。

2）人口原单位法

以西部中心城区不同片区的人口预测数据为基础，利用居民出行调查中对不同特征分区不同目的出行强度和出行生成率的统计，进行系数增长后计算。

西部中心城区的产生与吸引采用面积原单位法和人口原单位法相结合的方式进行预测，对于外部小区的产生吸引量通过外部各区域未来年的人口和岗位，以及与西部中心城区的联系强度进行预测。

2020年规划范围内的高峰小时出行需求为507529人次，其中交通产生量为259284人次，吸引量为248245人次。外部区域的出行需求为101251人次，主要来自于东部城区。

2030年规划范围内的高峰小时出行需求为735704人次，其中交通产生量为366116人次，吸引量为369588人次。外部区域的出行需求为146206人次，主要来自于东部城区。

2060年规划范围内的高峰小时出行需求为909994人次，其中交通产生量为452465人次，吸引量为457529人次。外部区域的出行需求为331714人次，主要来自于鹤洲和东部城区。

4. 构建道路网络

本次交通模型的路网构建采用了两种方案，一种是在对规划路网全面优化的基础上构建的道路网络；另一种为概规路网中等级较高的高速公路和快速路，内部交通性主干道、生活性主干道以及次干路等城市道路仍然采用第一种规划路网方案，建立新的路网模型，作为本次规划的第二种路网方案。

规划路网重点研究次干路等级以上的道路。模型分别对两种道路网络进行了测试。

道路的属性字段主要包括道路等级、路段通行能力、路段自由流速度、道路长度、路段通行时间等。

道路通行能力的计算主要综合考虑了道路等级、道路断面形式、纵坡等影响因素，同时参考了珠海市已有模型的道路通行能力取值和经验值进行折算（表15-1）。

珠海西部中心城区规划道路单车道通行能力取值　　表15-1

道路类型	高速公路	快速路		交通性主干路	生活性主干路	次干路	支路
		主路	辅路				
单车道通行能力（pcu/h）	1600	1400	1000	1000	800	600	300
设计车速（km/h）	100	80	60	60	40	40	30

第三节　交通模型建立

1. 交通生成模型

出行生成预测是交通需求预测四阶段法的第一个阶段，其目的是求出所研究地区未来年各小区的出行产生量和吸引量。本次规划范围内的交通生成模型由交通产生吸引模型构成，交通产生吸引模型分别根据西部中心城区的土地利用性质、容积率、吸发率、不同片区的出行强度进行计算。外部区域的交通生成根据西部中心城区的对外交通产生和吸引进行计算。

根据模型计算分别得到2020年、2030年和2060年西部中心城区的高峰小时交通

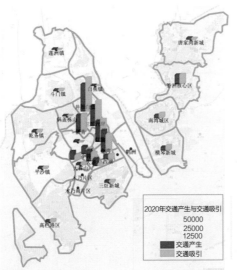

图15-7　2020年珠海西部中心城区交通产生与吸引分布图

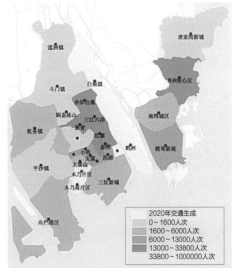

图15-8　2020年珠海西部中心城区交通生成分布图

生成量和外部小区对西部中心城区产生的吸引量。

　　2020年规划范围内交通生成量较大的区域主要有三江六岸片区，高峰小时出行量在10万人次以上，其次为井岸白蕉片区、金湾核心区、红旗片区和新青片区，高峰小时出行量均在6万人次以上。（图15-7、图15-8、表15-2）

2020年珠海西部中心城区不同片区的交通生成量　　　　表15-2

片区		交通生成（人次/高峰小时）
西部中心城区	锅盖栋山	2801
	三江六岸	105166
	井岸白蕉	76870
	新青	60320
	生态田园	3517
	红旗	74398
	小林	23522
	联港工业区	21006
	大霖山	7597
	木乃南片区	0
	大霖	33573
	新围	16879
	西湖	14064
	金湾	67815

续表

片区	交通生成（人次/高峰小时）
三灶新城	7146
白蕉镇	1434
莲洲镇	1889
斗门镇	5548
乾务镇	6584
平沙镇	5390
高栏港区	7585
横琴新城	13942
南湾城区	12789
香洲核心区	33856
唐家湾新城	5090

外部小区列于左侧跨行：
外部小区
（西部中心城区对外部小区
的产生吸引）

　　2030年规划范围内交通生成量较大的区域主要有井岸白蕉片区，高峰小时出行量将近16万人次，其次为红旗片区、新青片区、三江六岸片区和金湾核心片区，高峰小时出行量均在10万人次以上。（图15-9、图15-10、表15-3）

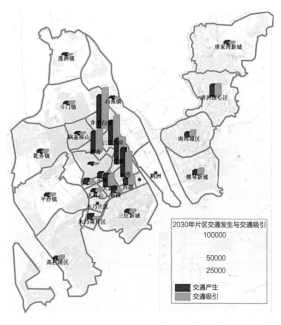

图15-9　2030年珠海西部中心城区交通产生与吸引分布图

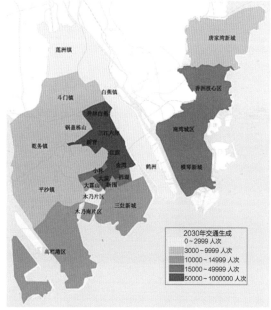

图15-10　2030年珠海西部中心城区交通生成量分布图

2030年珠海西部中心城区不同片区的交通生成量　　　表15-3

片区		交通生成（人次/高峰小时）
西部中心城区	锅盖栋山	4045
	三江六岸	151861
	井岸白蕉	111021
	新青	91648
	生态田园	3465
	红旗	107452
	小林	20507
	联港工业区	15055
	大霖山	10636
	木乃南片区	13835
	大霖	51852
	新围	14255
	西湖	29344
	金湾	110728
外部小区（西部中心城区对外部小区的产生吸引）	三灶新城	10318
	白蕉镇	2071
	莲洲镇	2727
	斗门镇	8011
	乾务镇	9507
	平沙镇	7783
	高栏港区	10952
	横琴新城	20132
	南湾城区	18468
	香洲核心区	48888
	唐家湾新城	7349

2060年规划范围内交通生成量较大的区域主要有井岸白蕉片区，高峰小时交通生成量在18万人次以上，其次为井岸白蕉片区和金湾核心区，高峰小时交通生成量在13万人次以上，红旗片区为12万人次以上，新青片区为10万人次以上。（图15-11、图15-12、表15-4）

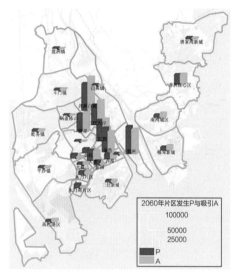

图15-11　2060年珠海西部中心城区交通产生与吸引分布图

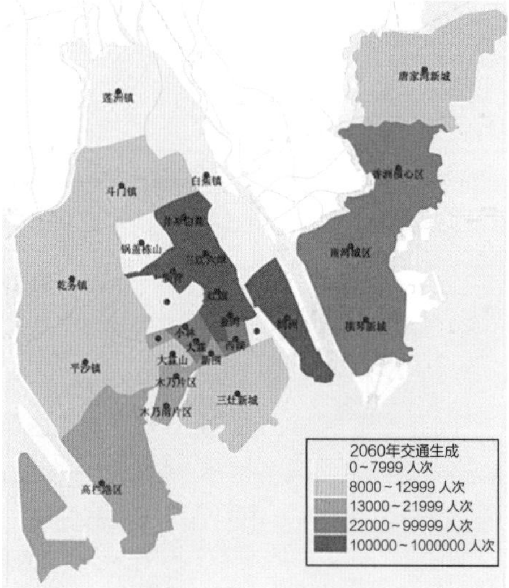

图15-12　2060年珠海西部中心城区交通生成量分布图

2060年珠海西部中心城区不同片区的交通生成量		表15-4
片区		交通生成（人次/高峰小时）
西部中心城区	锅盖栋山	4132
	三江六岸	182232
	井岸白蕉	133225
	新青	109978
	生态田园	4158
	红旗	128943
	小林	24608
	联港工业区	18066
	大霖山	12763
	木乃片区	20054
	木乃南片区	16602
	大霖	62222

片区		交通生成（人次/高峰小时）
西部中心城区	新围	17107
	西湖	35213
	金湾	132873
外部小区（西部中心城区对外部小区的产生吸引）	三灶新城	12382
	鹤洲	156266
	白蕉镇	2485
	莲洲镇	3273
	斗门镇	9613
	乾务镇	11409
	平沙镇	9339
	高栏港区	13143
	横琴新城	24159
	南湾城区	22161
	香洲核心区	58665
	唐家湾新城	8819

2. 交通分布模型

在交通规划的过程中，对于交通分布主要采用的方法有增长系数法、重力模型法、机会模型法、最大熵法等。

重力模型是应用最广泛的交通分布模型。该模型将交通小区之间的交通流量与交通小区之间的出行阻力直接关联起来。

重力模型的假设前提是，由区域 i 产生且被区域 j 吸引的出行数与下列因素成比例：

（1）区域 i 产生的出行量；

（2）区域 j 吸引的出行量；

（3）描述区域之间空间阻隔或阻力作用的一个函数。

重力模型可以使用许多不同的阻力指标，例如出行距离、出行时间、出行费用等。用阻力指标来描述每个交通小区的相对吸引力的函数也有很多种。经常使用的熵模型中最流行的选择是指数和倒数函数，在美国规划实践中有时候推荐使用的还有伽马（Gamma）函数。除了阻力函数以外，还可利用一个摩擦因数对照表，使交通小区之间的阻力与它们之间的相互吸引强度相关联。

本次交通分布模型采用双约束重力模型。在双约束重力模型中，平衡条件同时约束了出行量和吸引量，可以用下列方程进行计算：

$$q_{ij} = a_i O_i b_j D_j f(c_{ij})$$
$$a_i = \left[\sum_j b_j D_j f(c_{ij}) \right]^{-1}$$
$$b_j = \left[\sum_i a_i O_i f(c_{ij}) \right]^{-1}$$

式中　　　q_{ij}——以i为起点，j为终点的交通量；

　　　　　O_i——小区i的发生交通量；

　　　　　D_j——小区j的吸引交通量；

　　　$f(c_{ij})$——交通阻抗函数，常用形式为$f(c_{ij})=c_{ij}^{-r}$。

1）模型标定

重力模型的标定主要是通过出行时间分布对阻抗函数的参数进行标定，使得重力模型得出的结果与基年出行量、吸引量、出行长度分布尽可能接近。

常用的阻抗函数包括伽马函数、幂函数、指数函数、半钟型函数等。阻抗函数的选择需要根据具体调查的情况，通过对调查数据的分析，分别采用不同的函数形式进行标定后，选择与调查数据较为吻合的函数形式。

本次模型的标定参数主要参考了珠海市已有CUBE模型的标定结果。

2）交通分布预测结果

利用TransCAD软件对2020年、2030年和2060年预测得到的交通量进行分布，可以得到规划年各交通小区之间的分布期望线。

3. 交通方式划分模型

1）模型选型

影响交通方式结构的因素很多，主要包括交通政策、经济发展水平及车辆发展水平、交通方式本身特征差异、交通设施供给系统的发展、城市土地利用布局特征等因素。

随着公交服务水平的大幅度提高和机动车拥堵状况成为常态，为了能够反映政策变化的影响，未来需要进行公交、小汽车等交通方式的效用分析，本次建模采用多项Logit模型（MNL模型）。

2）MNL模型

使用TransCAD提供的标定函数，在机动车方式出行矩阵中进行。

构造MNL模型时分为两类：有车家庭的选择枝为公交、出租车和小汽车；无车家庭的选择枝为公交和出租车。考虑未来预测时数据的可得性，模型选择的解释变量为行程时间和费用。

公交：

时间矩阵——采用公交分配模型得出的行程时间（车内时间+步行时间+候车

时间）；

费用矩阵——将现有票制适当简化。

小汽车：

时间矩阵——采用机动车分配模型得出的行程时间，另外加上存取车时间5min。

费用矩阵——仅考虑单次出行带来的费用。

效用函数形式为：$U_i = \text{const}_i + \alpha \cdot \text{cost}_i + b \cdot \text{time}_i$

其中，i为可选择模式；const_i为该模式效用函数的常数项；cost_i为费用矩阵；time_i为时间矩阵；a、b为标定系数。

4．交通分配模型

交通规划中常用的分配模型有全有全无分配法、STOCH分配法、递增分配法、容量限制法、用户平衡分配法、随机用户平衡分配法、系统优化分配法。

本次珠海市西部中心城区的交通分配采用了用户平衡分配法，将预测得到的全方式OD矩阵分配到道路网上，根据方式划分，将非机动车与步行OD、公交OD，以及折算后的机动车OD分配到道路网上（图15-13）。

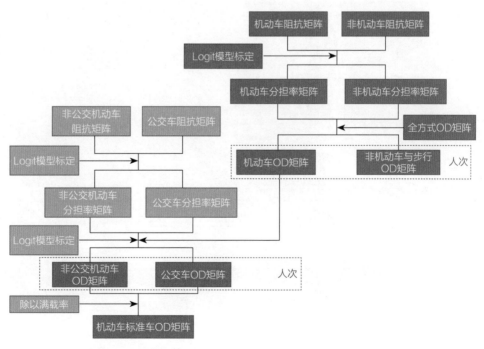

图15-13　珠海市西部中心城区交通方式划分技术路线

第四节　交通需求分析

1. 交通空间分布

1）2020年出行分布

根据2020年出行期望线可以看出，规划范围内部片区之间的出行主要分布在井岸白蕉、新青、三江六岸、红旗、金湾核心区、联港工业区之间（图15-14）。区外出行主要分布在东部城区，其中东西部跨区域出行的交通量主要来自于香洲核心区、横琴新城和南湾城区（图15-15、图15-16）。

通过对2020年出行分布的分析可知，项目范围内出行比例为68.73%，区外出行比例为31.27%，主要来自于东部城区的香洲、横琴和南湾城区，出行交换量为66365人次/高峰小时（表15-5）。

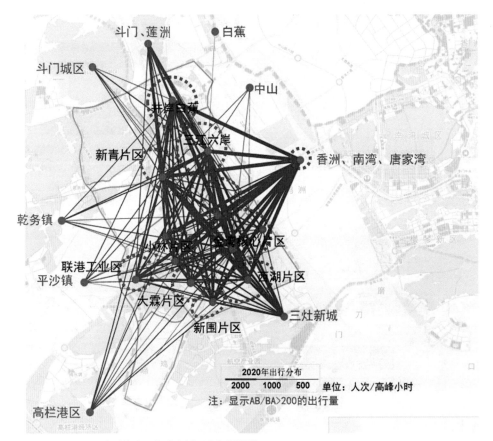

图15-14　2020年珠海市西部中心城区出行期望线

图15-15　2020年珠海市西部中心城区区内外出行分布比例

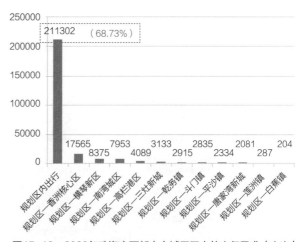

图15-16　2020年珠海市西部中心城区区内外出行需求（人次）

<table>
<tr><td colspan="3" align="center">2020年珠海市东西部城区之间出行需求表　　　　　　　　表15-5</td></tr>
</table>

东部城区	西部片区	出行量（人次/高峰小时）
香洲 唐家湾 南湾 横琴	金湾核心片区	4041
	三江六岸片区	10899
	井岸白蕉片区	14342
	新青片区	7808
	红旗片区	8380
	新围片区	2709
	小林片区	3214
	大霖片区	4870
	联港工业区	3087
	大霖山	1088
	锅盖栋山	341
合计		60779

　　根据期望线可以看出，西部中心城区内部出行需求较大的区域分布在三江六岸片区、井岸白蕉片区、红旗片区、金湾核心区、新青等片区之间（图15-17、表15-6）。

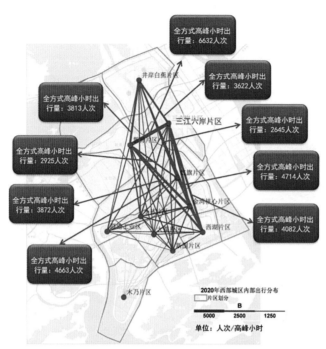

图15-17　2020年珠海市西部中心城区内部出行期望线

2020年珠海市东西部城区主要片区之间出行需求　　　表15-6

片区		出行量（人次/高峰小时）
三江六岸片区	新青片区	8175
	金湾核心片区	9090
	西湖片区	1943
	井岸白蕉片区	13917
	红旗片区	9709
	联港工业区	2160
	小林片区	2385
	大霖片区	3237
	新围片区	1661
新青片区	金湾核心片区	6856
	西湖片区	1572
	井岸白蕉片区	11701
	红旗片区	7235
	联港工业区	1792
	小林片区	1982

续表

片区		出行量（人次/高峰小时）
新青片区	大霖片区	2681
	新围片区	1319
红旗片区	金湾片区	9640
	西湖片区	1842
	联港工业区	2593
	小林片区	3072
	大霖片区	4127
	新围片区	1987
金湾核心片区	联港工业区	2830
	小林片区	1539
	西湖片区	1064
	大霖片区	4979
	新围片区	2349
西湖片区	联港工业区	741
	小林片区	793
	大霖片区	1274
	新围片区	788
联港工业区	小林片区	961
	大霖片区	1349
	新围片区	551
小林	大霖片区	1529
	新围片区	612
大霖	新围	1058

2）2030年出行分布

根据2030年出行期望线可以看出，规划范围内部片区之间的出行主要分布在井岸白蕉、新青、三江六岸、红旗、金湾核心区、联港工业区之间。区外出行主要分布在东部城区，其中东西部跨区域出行的交通量主要来自于香洲核心区、横琴新城、南湾城区和唐家湾新城（图15-18）。

通过对2030年出行分布的分析可知，项目范围内出行比例为68.9%，区外出行比例为31.1%，主要来自于东部城区的香洲、横琴、南湾城区和唐家湾新城，出行交换量为89585人次/高峰小时（图15-19、图15-20、表15-7）。

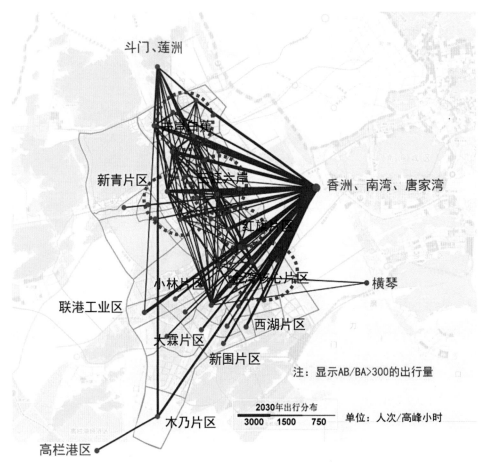

图15-18 2030年珠海市西部中心城区出行期望线

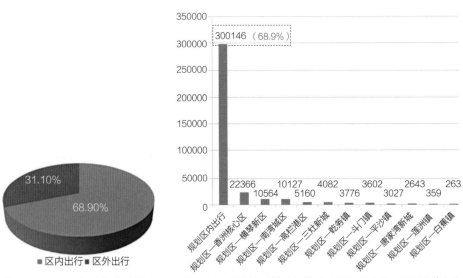

图15-19 2030年珠海市西部中心城区区内外出行分布比例

图15-20 2030年珠海市西部中心城区区内外出行需求（人次）

2030年珠海市东西部城区之间出行需求		表15-7
东部城区	西部片区	出行量（人次/高峰小时）
香洲 唐家湾 南湾 横琴	金湾核心片区	5802
	三江六岸片区	15795
	井岸白蕉片区	20868
	新青片区	11955
	红旗片区	12120
	新围片区	2266
	小林片区	2813
	大霖片区	7617
	联港工业区	2202
	大霖山	1540
	锅盖栋山	497
合计		83475

根据期望线可以看出，2030年西部中心城区内部出行需求较大的区域分布在井岸白蕉、三江六岸、红旗、金湾核心区、新青片区、大霖片区等片区之间（图15-21、表15-8）。

图15-21　2030年珠海市西部中心城区内部出行期望线

2030年珠海市东西部城区主要片区之间出行需求　　　表15-8

片区		出行量（人次/高峰小时）
三江六岸片区	新青片区	11706
	金湾核心片区	14980
	西湖片区	4119
	井岸白蕉片区	19073
	红旗片区	13459
	联港工业区	1450
	小林片区	1957
	大霖片区	4722
	新围片区	1302
	木乃南片区	1297
新青片区	金湾核心片区	11921
	西湖片区	3491
	井岸白蕉片区	16826
	红旗片区	10583
	联港工业区	1277
	小林片区	1735
	大霖片区	4186
	新围片区	1109
	木乃南片区	1104
红旗片区	金湾片区	15571
	西湖片区	3939
	联港工业区	1764
	小林片区	2554
	大霖片区	6189
	新围片区	1591
金湾核心片区	联港工业区	2285
	小林片区	3256
	西湖片区	2269
	大霖片区	8990
	新围片区	2275

续表

片区		出行量（人次/高峰小时）
西湖片区	联港工业区	777
	小林片区	1009
	大霖片区	2948
	新围片区	939
联港工业区	小林片区	413
	大霖片区	971
	新围片区	212
小林	大霖片区	1375
	新围片区	309
大霖	新围	944

3）2060年出行
分布

根据2060年出行期
望线可以看出，规划范
围内部片区之间的出行
主要分布在井岸白蕉、
新青、三江六岸、红
旗、金湾核心区、联港
工业区之间。区外出行
主要分布在鹤洲和东部
城区，其中东西部跨区
域出行的交通量主要来
自于香洲核心区、横琴
新城、南湾城区和唐家
湾新城（图15-22）。

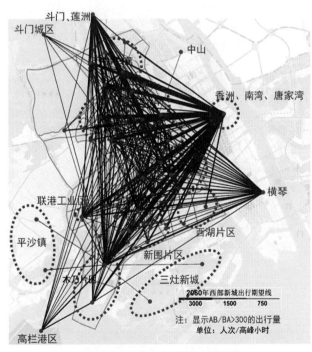

图15-22　2060年珠海市西部中心城区出行期望线

通过对2060年出行分布的分析可知，项目范围内出行比例为63.67%，区外出行比例为36.33%，主要来自于鹤洲，出行交换量为155637人次/高峰小时，和东部城区的香洲、横琴、南湾城区和唐家湾新城，出行交换量为113283人次/高峰小时（图15-23、图15-24、表15-9）。

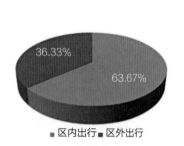

图15-23　2060年珠海市西部中心城区区内外出行分布比例

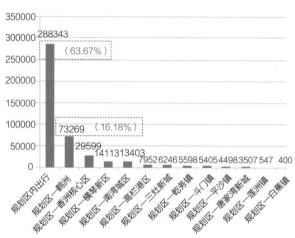

图15-24　2060年珠海市西部中心城区区内外出行需求（人次）

2060年珠海市西部中心城区跨区域出行需求　表15-9

东部城区	西部中心城区	出行量（人次/高峰小时）	城区	西部中心城区	出行量（人次/高峰小时）
香洲 南湾 唐家湾 横琴	新青片区	13179	鹤洲	新青片区	18121
	红旗片区	16205		红旗片区	21007
	三江六岸片区	16308		三江六岸片区	22013
	金湾核心片区	16607		金湾核心片区	23769
	大霖片区	8242		大霖片区	12469
	西湖片区	4217		西湖片区	5971
	井岸白蕉片区	21432		井岸白蕉片区	28597
	新围片区	2390		新围片区	3298
	小林片区	3338		小林片区	4477
	木乃片区	2528		木乃片区	4590
	木乃南片区	2460		木乃南片区	3276
	联港工业区	2484		联港工业区	2592

根据期望线可以看出，2060年西部中心城区内部出行需求较大的区域分布在井岸白蕉、三江六岸、红旗、金湾核心区、新青片区、大霖片区和木乃等片区之间（图15-25、表15-10）。

图15-25　2060年珠海市西部中心城区内部出行期望线

2060年珠海市东西部城区主要片区之间出行需求　　　表15-10

片区		出行量（人次/高峰小时）
三江六岸片区	井岸白蕉片区	17011
	新青片区	11940
	红旗片区	12964
	金湾核心片区	12614
	木乃片区	3113
	大霖片区	5558
新青片区	金湾核心片区	10715
	木乃片区	2501
红旗片区	金湾核心片区	12614
	木乃片区	2910
	大霖片区	5690
	新青片区	10472
井岸白蕉片区	红旗片区	16229
	金湾核心片区	16108
	木乃片区	4027
	大霖片区	6879

2. 公交客流走廊分析

根据方式划分得到的公交OD矩阵分配到规划路网上，通过通道上公交客流量得到公交客流走廊分布。

1）2020年公交客流走廊分析

根据预测，2020年小汽车、出租车等非公交机动车出行比例为36%，公共交通出行比例为24%，非机动车与步行出行比例为40%，进而绿色交通出行比例达到64%（表15-11、图15-26）。

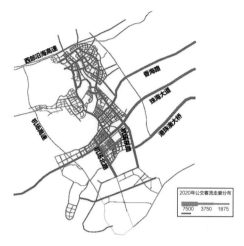

图15-26　2020年珠海市西部中心城区公交客流分配（辆/高峰小时）

2020年交通方式划分			表15-11
交通方式	机动车		非机动车与步行
	非公交机动车	公共交通	
比例	60%		40%
	36%	24%	
绿色交通出行比例	64%		

根据分配结果可以得出，东西部跨区域出行公交客流需求较大的通道主要有珠海大道、香海路和港珠澳大桥。西部中心城区内部南北向公交客流需求较大的通道主要为机场北路和机场东路，以及机场东路西侧的主干路（表15-12）。

2020年公交客流走廊分布				表15-12
道路名称	道路等级	单向公交客流量（人次/高峰小时）	单向全方式交通量（人次/高峰小时）	公交需求比例
珠海大道	主干路	5843	8238	0.71
机场北路	主干路	6900	9598	0.72
西部沿海高速	高速公路	2907	6204	0.47
港珠澳大桥	高速公路	5040	7523	0.67
香海路	快速路	4971	6948	0.72
机场东路	主干路	5948	8014	0.74

2）2030年公交客流走廊分析

（1）方案一

根据预测，2030年小汽车、出租车等非公交机动车出行比例为36%，公共交通出行比例为24%，非机动车与步行出行比例为40%，进而绿色交通出行比例达到64%。该方案为保守方案，机动化出行比例较大（表15-13、图15-27）。

图15-27　2030年珠海市西部中心城区公交客流分配（方案一）（辆/高峰小时）

2030年交通方式划分（方案一）			表15-13
交通方式	机动车		非机动车与步行
	非公交机动车	公共交通	
比例	60%		40%
	36%	24%	
绿色交通出行比例	64%		

（2）方案二

提高公共交通出行比例为30%，将小汽车、出租车等非公交机动车出行比例控制在30%，非机动车与步行出行比例维持在40%，进而绿色交通出行比例达到70%（表15-14、图15-28）。

2030年交通方式划分（方案二）			表15-14
交通方式	机动车		非机动车与步行
	非公交机动车	公共交通	
比例	60%		40%
	30%	30%	
绿色交通出行比例	70%		

根据公交分配结果，公交客流量较大的通道主要有珠海大道，高峰小时客流量达到1万人次以上，其次为机场北路、香海路和机场东路。

方案二提高公交分担率至30%之后，交通性主干路的公交客流量明显提高，成为公交客流主要通道，单向客流均大于8000人次/高峰小时（表15-15）。

图15-28　2030年珠海市西部中心城区公交客流分配（方案二）（辆/高峰小时）

2030年公交客流走廊分布　　　　　　　　　表15-15

道路名称	道路等级	单向最大高峰小时流量（人次/高峰小时）	
		方案一 公交分担率24%	方案二 公交分担率30%
珠海大道	快速路	5843	11122
机场北路	快速路	6900	8863
西部沿海高速	高速路	2907	3356
港珠澳大桥	高速公路	5040	6164
香海路	快速路	4971	7920
机场东路	主干路	5948	7337

3）2060年公交客流走廊分析

2060年将小汽车、出租车等非公交机动车出行比例控制在30%左右，公共交通出行比例达到30%，非机动车与步行出行比例维持在40%，进而绿色交通出行比例将达到70%，模型采用保守测算（规划目标为80%）（表15-16、图15-29）。

图15-29　2060年珠海市西部中心城区公交客流分配（辆/高峰小时）

2060年交通方式划分			表15-16
交通方式	机动车		非机动车与步行
	非公交机动车	公共交通	
比例	60%		40%
	30%	30%	
绿色交通出行比例		70%	

2060年将公交分担率提高到30%，快速路和交通性主干路的公交客流需求增加10000人次以上（表15-17）。

2060年公交客流走廊分布		表15-17
道路名称	道路等级	单向最大高峰小时流量（人次/高峰小时）
珠海大道	快速路	6703
香海北通道	快速路	6399
机场北路	快速路	12989
香海路	快速路	6496
机场东路	快速路	13723
金海大桥第二通道	快速路	10865
机场东路西侧道路	主干路	12712
机场东路东侧道路	主干路	12911

通过对2020年、2030年和2060年的公交分配结果分析可知，公交客流量较大的通道主要有连接东西部城区的珠海大道、香海北通道、香海大桥，以及西城内部贯穿南北向的机场北路、机场东路，以及机场东路西侧的两条交通性主干路。

3. 路网承载力分析

将机动车OD分配到规划路网上，得到机动车交通量分配结果。

1）2020年规划路网承载力分析

将预测得到的2020年机动车OD分配到规划路网上，得到高峰小时机动车交通量分配和负荷度（图15-30、图15-31、表15-18、表15-19）。

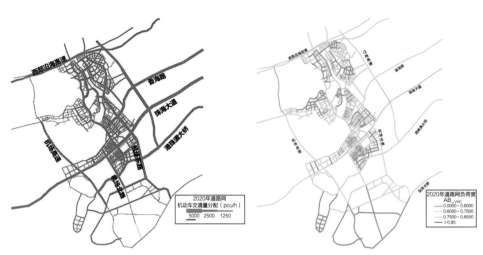

图15-30   2020年珠海市西部中心城区机动车交通   图15-31   2020年珠海市西部中心城区道路网
量分配（辆/高峰小时）   负荷度

2020年规划路网主要道路运行指标   表15-18

道路名称	道路等级	通行能力	单向高峰小时流量 （pcu/h）	负荷度 （voc）
珠海大道	主干路	2800	2324	0.83
机场北路	主干道	2800	2016	0.72
西部沿海高速	高速公路	4600	3404	0.74
港珠澳大桥	高速公路	4600	3266	0.71
香海路	快速路	5200	3848	0.74
机场东路	主干路	2800	2072	0.74
江珠高速	高速路	4600	3680	0.8
机场高速	高速路	4600	3312	0.72

2020年规划路网不同等级道路运行指标   表15-19

道路等级	单向平均车流量（pcu/h）	平均负荷度（voc）	平均车速（km/h）
快速路	3673	0.71	49.8
高速公路	3049	0.66	73.5
主干路	1680	0.60	43.0
次干路	616	0.56	29.2
支路	276	0.45	25.7

根据2020年规划路网测试结果，道路网可以满足城市交通需求。

2）2030年规划路网承载力分析

将预测得到的2030年机动车OD分配到规划路网上，得到高峰小时机动车交通量分配和负荷度（图15-32、图15-33、表15-20）。

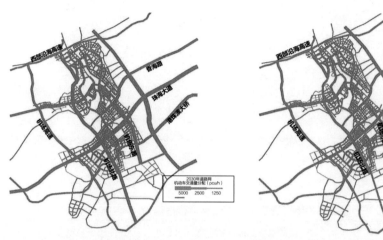

图15-32　2030年珠海市西部中心城区机动车交通量分配（方案一公交分担率24%）　图15-33　2030年珠海市西部中心城区机动车交通量分配（方案二公交分担率30%）

2030年基于不同分担率的规划路网主要道路单向最大交通量对比　表15-20

道路名称	道路等级	单向最大高峰小时流量（pcu/h）		降低比例
		方案一 公交分担率24%	方案二 公交分担率30%	
珠海大道	快速路	4368	4007	9.34%
机场北路	快速路	4264	3848	12.94%
西部沿海高速	高速公路	3588	3266	8.97%
港珠澳大桥	高速公路	3542	2990	15.58%
香海路	快速路	4324	3316	13.25%

通过对不同分担率情况下的主要道路单向最大交通量进行对比分析可知，在提高公交分担率至30%时交通量明显降低，可见优先发展公共交通，提高公交服务水平是珠海市西部中心城区交通发展的趋势，也是缓解交通压力的主要方式（图15-34、图15-35、表15-21、表15-22）。

图15-34　2030年珠海市西部中心城区道路网负荷度（方案一公交分担率为24%）

图15-35　2030年珠海市西部中心城区道路网负荷度（方案二公交分担率为30%）

2030年规划路网主要道路运行指标　　表15-21

道路名称	道路等级	单向最大高峰小时流量（pcu/h）		单向最大负荷度（voc）	
		方案一公交分担率24%	方案二公交分担率30%	方案一公交分担率24%	方案二公交分担率30%
珠海大道	快速路	4368	4007	0.84	0.77
机场北路	快速路	4264	3848	0.82	0.74
西部沿海高速	高速公路	3588	3266	0.78	0.71
港珠澳大桥	高速公路	3542	2990	0.77	0.65
香海路	快速路	4324	3316	0.83	0.64

2030年规划路网不同等级道路运行指标　　表15-22

道路等级	单向平均车流量（pcu/h）		平均负荷度（voc）		平均车速（km/h）	
	方案一公交分担率24%	方案二公交分担率30%	方案一公交分担率24%	方案二公交分担率30%	方案一公交分担率24%	方案二公交分担率30%
快速路	4056	3796	0.78	0.73	48.4	49.1
高速公路	3036	2990	0.66	0.65	73.6	74.2
主干路	1904	1820	0.68	0.65	41.9	42.9
次干路	605	572	0.55	0.52	20.7	22.4
支路	305	272	0.45	0.42	21.5	20.2

　　根据模型测试结果，当公交分担率提高到30%时，道路负荷度降低，可见优先发展公共交通，提高公交服务水平是珠海市西部中心城区交通发展的主要趋势。

　　根据2030年规划路网测试结果，道路网可以满足城市交通需求。

3）2060年规划路网承载力分析

　　将预测得到的2060年机动车OD分配到规划路网上，得到高峰小时机动车交通量分配和负荷度（图15-36、图15-37、表15-23、表15-24）。

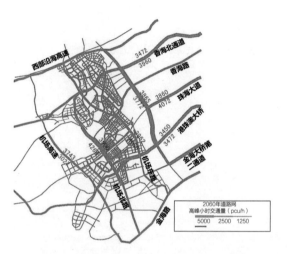

图15-36　2060年珠海市西部中心城区机动车交通量分配　　图15-37　2060年珠海市西部中心城区道路网负荷度

2060年规划路网主要道路运行指标			表15-23
道路名称	道路等级	单向最大高峰小时流量（pcu/h）	单向最大负荷度
珠海大道	快速路	4072	0.79
香海北通道	快速路	3960	0.76
机场北路	快速路	4264	0.82
西部沿海高速	高速公路	3404	0.75
港珠澳大桥	高速公路	3472	0.75
机场高速	高速公路	3743	0.81
机场东路	快速路	4056	0.78
江珠高速	高速公路	3864	0.84
金海大桥第二通道	高速公路	3218	0.68

2060年规划路网不同等级道路运行指标			表15-24
道路等级	单向平均车流量（pcu/h）	平均负荷度（voc）	平均车速（km/h）
快速路	3960	0.76	46.6
高速公路	3328	0.72	72.5
主干路	1876	0.67	39.3
次干路	715	0.65	25.2
主路	336	0.56	20.5

　　根据2060年规划路网测试结果，道路网可以满足城市交通需求。

第十六章　公共交通系统优化

第一节　公共交通发展前景分析

1. 国家层面对公交发展的指引

城市公共交通作为与人民群众生产生活息息相关的社会公益性事业，一直受到地方各级政府乃至党中央、国务院的高度重视。"十一五"以来，国务院办公厅、建设部、交通运输部等先后印发了《关于优先发展城市公共交通的意见》（建城〔2004〕38号）、《关于优先发展城市公共交通意见的通知》（国办发〔2005〕46号）、《关于优先发展城市公共交通若干经济政策的意见》（建城〔2006〕288号）、《关于开展国家公交都市建设示范工程有关事项的通知》（交运发〔2011〕635号）等系列文件，对落实"公交优先"发展战略作了具体部署，为优先发展城市公共交通指明了方向。

1）建设部要求：城市公共交通在城市交通总出行中的比重达到30%以上

建设部38号文件（建城〔2004〕38号）中明确提出优先发展城市公共交通的主要任务和目标：大城市基本形成以大运量快速交通为骨干，常规公共汽电车为主体，出租汽车等其他公共交通方式为补充的城市公共交通体系，基本确立公共交通在城市交通中的主体地位。城市公共交通在城市交通总出行中的比重达到30%以上，公共汽电车平均运营速度达到20km/h以上，准点率达到90%以上。站点覆盖率按300m半径计算，建成区大于50%，中心城区大于70%。建成区任意两点间公共交通可达时间不超过50min等。

288号文件（建城〔2006〕288号）中明确要求：城市公共交通发展要纳入公共财政体系，建立健全城市公共交通投入、补贴和补偿机制，统筹安排，重点扶持。地方城市人民政府要对轨道交通、综合换乘枢纽、场站建设，以及车辆和设施装备的配置、更新给予必要的资金和政策扶持。城市公用事业附加费、基础设施配套费等政府性基金要用于城市交通建设，并向城市公共交通倾斜等。

建设部、国家发改委、科技部、公安部、财政部、国土资源部为解决好城市交通问题，促进城市健康发展，在38号文件和288号文件的基础上从提高认识、充分发挥规划调控作用、完善公共交通基础设施、优化公共交通运营结构、保障公共交通的道路优先使用权、积极稳妥地推进行业改革、进一步加大政策扶持力度、加强组织领导和监督检查等八个方面提出优先发展城市公共交通的意见，在获得国务院同意（国办发〔2005〕46号）后，地方各级政府及相关部门认真贯彻执行。

　　2）交通运输部要求：有轨道的城市公共交通出行分担率达到45%以上

　　交通运输部在635号文件（交运发〔2011〕635号）中强调：以公共交通引导城市发展为战略导向，实现公共交通与城市良性互动、协调发展；不断提高公共交通系统的吸引力，实现公共交通的主体地位，从根本上缓解城市交通拥堵。并从保障、服务、设施、运营、管理五个方面提出国家"公交都市"建设示范工程的考核目标，要求城市公共交通出行分担率（出行总量含机动化出行和自行车出行，不含步行）年均提升2个百分点，有轨道交通的城市公共交通出行分担率达到45%以上；没有轨道交通的，城市公共交通出行分担率达到40%以上。城市建成区公交线网密度达到3km/km²以上，常住人口万人公交车车辆保有量达到15标台以上。城市建成区公交站点500m覆盖率达到90%以上，实现主城区500m上车、5min换乘，早晚通勤高峰时段平均满载率在90%以内。新建或改扩建城市主干道，公共交通港湾式停靠站设置比例达到100%，2万人口以上的居住小区配套建设公共交通首末站或换乘枢纽。公共汽电车交通责任事故年均死亡率控制在4.5人/万标台以内。建立体系完整、机构精干、运转高效、行为规范的"一城一交"综合交通行政管理体制；城市公共交通乘车IC卡使用率超过80%。

　　启示：住房和城乡建设和交通运输部在优先发展公共交通上分别给出了意见和要求，相比而言，住房和城乡建设的优先发展城市公共交通的要求适宜大中小各类城市；交通运输部是就国家"公交都市"建设示范工程而提出的要求和目标指标，尚处于试点阶段，要求试点城市人口在150万以上，最低不低于100万，原则上属于国家运输枢纽城市等。

　　珠海现状人口在163万，为国家运输枢纽城市。珠海公共交通发展将首先满足建设部要求，力争满足国家"公交都市"要求。西部中心城区是珠海市的重要组成部分，同样面临着优先发展公共交通的需求。

2. 珠海及西部中心城区自身对公交发展的需求

　　1）东西向交通压力急需缓解

　　珠海市主要沿东西向发展，呈现东西向带状城市形态结构。主要公共服务设施集中在香洲区、横琴新区以及近年来迅速发展的西部中心城区、富山工业园以及高栏港区，香洲区与各功能区之间形成了东西向向心交通。随着城市产业的逐步发展，主要通道容量有限，东西向交通压力日益严重，急需大容量交通缓解东西向交通压力。

2）城市交通出行需求不断增加，公共交通需求将成倍增长

交通调查结果显示，西部中心城区现状日出行总量70万人次，公交日客运总量超过10万人次。规划年人口翻番达到130万人，随着经济的不断发展，出行率、公交分担率不断提高，可以预计公共交通需求将在现有的基础上增长4～5倍，日出行客运量达到50万～60万人次/日。要求建设大容量公共交通设施。

3）城市生活品质不断提高，对城市公共交通系统服务质量提出更高要求

珠海市城市居民人均可支配收入至2014年已经增长到33234.9元，根据总体规划预测，至2020年人均生产总值将翻倍，人均可支配收入也将发生同比例增长，城市居民生活水平将大大提高。对城市交通出行也将提出更高的要求，要求建立综合交通体系以及一体化的公共交通体系，破解"出行难""乘车难""行路难"等现阶段交通问题。此外，西部中心城区是省级生态新区，对出行质量的需求更高，有必要规划建设高质量的公共交通系统。

第二节　规划目标和发展指标

1）公共客运系统

公共客运系统，是为公众服务的系统，分为大容量、中容量、小容量和近个体几类。

（1）大容量客运系统，指客位数多，一次运客量大的系统，在通常交通运营下单方向小时运客量超过1万乘客以上，如地铁、轻轨等。由于地铁运送乘客量特别大，又可称之为超大容量工具，同时轨道系统一般运送速度快、准点率高，比较舒适。

（2）中容量客运系统，一般指有轨电车、快速公交和常规公交汽（电）车线路系统，在通常运营下单方向小时运客量一般在3000～15000乘客。有时组织完善的公交专用道系统运量也可以达到10000乘客以上。

（3）小容量客运系统，一般指公共中小巴系统、支线公共汽车、微循环公交等，运量比较低，一般单方向小时运客量在几百人到两三千人之间，主要作为轨道线路或公共汽电车线路的补充，可以填补客流空缺。

（4）近个体公共客运系统，指出租车。它的运营类似于私人小汽车，可起到"门到门"的服务，但其性质又是为公共服务的，它同样可以满足部分乘客需要，因此可作为一般公共交通的补充。

2）个体客运交通系统

个体客运交通，是以个体交通工具为主体的系统，分为机动和非机动两类。

（1）机动客运交通系统，是以小汽车为主体的客运系统，还包括摩托车。小汽车的特点是运送速度比较快，可以实施"门到门"的服务，舒适性好。但最大缺点是客运量小，占用道路空间多，人均能耗大、污染多。摩托车同样具有类似的特点，但摩托车安全性差，也没有小汽车舒适。

（2）非机动客运系统，是以自行车为主体的客运系统，其最大优点是不消耗能源，没有污染，但人均占用道路较多，安全性差，需消耗体力，舒适性差。

3）不同客运交通方式的比较

表16-1列出了不同客运方式的最大运能指标。

各类客运交通方式的最大运能指标　　　　　　　表16-1

指标	轨道交通	有轨电车	快速公交	常规公交	公交中小公共汽车	出租车
单向最大运能（千人/h）	30~60	5~15	5~15	3~10	1~3	0.5

1. 公共交通规划目标

西部中心城区公共交通系统规划目标：

（1）构建以城际轨道、城市轨道、有轨电车、快速公交、常规公交为主，支撑和引导城市空间格局，对比小汽车交通具有竞争力的公共交通系统。

（2）优化以轨道交通为骨架，常规公交线网为主体，形成具有快速线、骨干线、集散线等不同层次和服务功能的常规公交网络。

（3）优化公交枢纽场站布局，整合城市对外和内部客运交通，建成多层次、一体化、高效便捷的客运系统，服务西部中心城区、新区建设。

2. 发展指标

根据珠海市公交发展特征与趋势，结合"公交都市"建设要求，确定以下珠海市西部中心城区公交发展指标。

1）加快规划和建设轨道交通，提高公交分担率

2030年公交分担率提高到机动化40%以上，远景提高到50%以上；2030年轨道交通出行占公共交通出行的比例达到30%左右。

2）提升公交服务，缩短公交出行时间

核心区内部平均一次公交出行时间（门对门出行）30min以内；外围组团、西部中心城区到东部城区平均一次公交出行时间（门对门出行）60min以内。

（1）运送速度

2030年轨道交通高峰运送速度平均达到35km/h以上，有轨电车和快速公交高峰运送速度平均达到20～25km/h，常规公交高峰运送速度平均达到15～20km/h左右。

（2）站点覆盖率

2030年从中心城区内任意一点步行至最近的公交站点不超过5min，80%的乘客控制在300m以内。

（3）换乘时间和距离

2030年枢纽站内各种公共交通方式间换乘的时间不超过5min，一般换乘站点间的间距控制在150m以内。

第三节　对《西部中心城区城市总体规划》的反馈及发展思路

西部中心城区综合交通体系规划是城市总体规划的重要组成部分，在公共交通发展方面，西部中心城区综合交通体系规划一方面是对总体规划进行反馈，另一方面是依据总体规划，对公共交通系统规划进行深化、细化研究。

1. 公交规划目标方面

总体规划中公共交通规划的目标是以公共交通和城市空间一体化、公共交通引导城市发展，打造公交优先城市。在2030年，西部中心城区绿色交通方式出行比例超过70%。

反馈与思路：根据新加坡、深圳等城市公共交通发展经验，珠海西部中心城区公共交通出行分担率2030年为40%～50%，远景年力争50%以上，绿色交通出行比例80%，需要大力加强公共交通设施建设，特别是自新区建设之初就树立公交优势，培养人们的公交出行习惯。本规划将优化结合总体规划的用地规划和公共交通供给水平，提升公共交通出行分担率、服务水平等发展目标。

2. 轨道交通规划方面

总体规划、轨道交通规划已吸纳概念规划和轨道交通专项规划中的轨道交通研究成果，将在此基础上进行深化和细化。

第四节　客运走廊及公共交通网络组织

1. 客运走廊分析

根据城市空间拓展方向，结合城市土地利用布局、大型对外客运枢纽、功能中心分布，判断未来客流走向和强度，并划分为三级：

（1）珠海市骨干客运走廊：分布在东西主导方向之间的联系走廊上，串联外围重要新城、城市重要功能中心、大型对外客运枢纽；

（2）西部中心城区骨干客运走廊：分布在西部中心城区主要客流走向上，联系城市主要功能中心；

（3）辅助客运走廊：加密服务，是骨干客流走廊的补充（图16-1）。

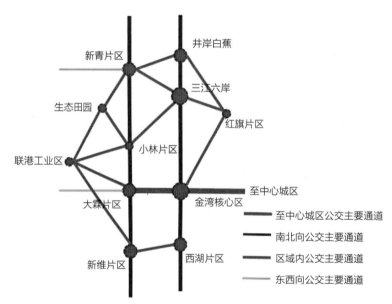

图16-1　西部中心城区公交走廊示意图

2. 公交网络结构

快速和骨干公交系统依托枢纽，分层组织。

1）西部中心城区与区域

依托城际站、公路客运站等对外交通枢纽，利用快速铁路、城际铁路、普通铁路和长途客运组织主城区与区域的远距离联系。

2）西部中心城区与珠海其他组团

西部中心城区与珠海其他组团根据联系目的和联系需求选择不同的服务模式。

组团之间点对点的快速联系通过城际铁路和轨道交通满足。

组团间走廊的沿线服务通过城际铁路、轨道交通线、有轨电车和BRT线路满足，根据城际线路分布和客流强度选择合理模式。

3）西部中心城区内部

城市轨道交通服务东部和西部城区之间的快速、大运量联系。

依托大型客运枢纽和城市功能中心，区分西部中心城区内部的主要客流走廊和次要客流走廊，在主要客流走廊布设城市轨道线路、有轨电车线路、BRT线路，在次要客流走廊上布设常规公交快线和骨干线路。

第五节　轨道交通线网优化调整建议

1. 轨道交通建设必要性分析

（1）引导城市空间拓展要求：珠海市空间结构的转变需要高品质的公交服务进行引导协调：珠海市呈现组团式用地布局，东西向尺度大，客流需求高度集聚在东西向走廊上，客流的集聚性更加适合于以大运量公共交通系统为支撑，尤其是有利于发展快速轨道交通为主导的运输方式。由于组团式用地布局是富有弹性的用地发展模式，其跳跃式的扩展模式更加需要大运量公共交通系统为引导和支撑，采用TOD模式引导组团式用地发展。

（2）公交主导的交通模式构建要求：公交服务水平的大幅提升需要高品质的轨道交通服务，受公交服务水平的制约，西部公交出行比例长期处于较低水平，随着近年小汽车、电动车的快速发展，城市交通出行结构面临转型的关键时期。与个体交通相比，地面常规公交的优化改善竞争力度不足，通过轨道设施的建设可明确公交主导的交通发展方向，大幅提升公交服务水平。

（3）低碳、绿色的交通体系的要求：生态宜居城市定位需要低碳、高效的轨道交通支撑；打造"生态宜居、公交优先、绿色出行"的滨水宜居示范新城，需要有低碳、高效的交通模式予以支持。轨道交通作为大运量公共交通形式，与小汽车、常规公交等其他交通工具相比，在单位运输量能源消耗、单位运输量排出的二氧化碳量方面都具有优势，是西部中心城区构建生态宜居城市的首要选择。

2. 轨道交通建设可行性分析

1）国家发展政策

国务院办公厅在《关于加强城市快速轨道交通建设管理的通知》（国发办

［2003］81号）中明确，城轨交通项目具有一次性投资大、运行费用高、社会效益好而自身经济效益差的特点。因此，发展城轨交通应当坚持量力而行、规范管理、稳步发展的方针，合理控制建设规模和发展速度，确保与城市经济发展水平相适应，防止盲目发展或过分超前。现阶段，申报发展地铁的城市应达到下述基本条件：地方财政一般预算收入在100亿元以上，国内生产总值达到1000亿元以上，城区人口在300万人以上，规划线路的客流规模达到单向高峰小时3万人以上；申报建设轻轨的城市应达到下述基本条件：地方财政一般预算收入在60亿元以上，国内生产总值达到600亿元以上，城区人口在150万人以上，规划线路客流规模达到单向高峰小时1万人以上。对经济条件较好，交通拥堵问题比较严重的特大城市，其城轨交通项目予以优先支持（表16-2）。

申报发展轨道交通的基本条件　　　　　　　　　　　表16-2

申报基本条件	财政收入（亿元）	GDP（亿元）	城区人口（万人）	规划年单向高峰客流规模（万人次/h）
轻轨	60	600	150	1
地铁	100	1000	300	3

2）珠海轨道交通建设条件分析

（1）经济发展水平已满足申报建设地铁的条件

珠海市2015年全年实现地区生产总值2024.98亿元，人均地区生产总值12.47万元，经济发展水平进一步提高；全市一般公共预算收入269.96亿元。

对比国家主管部门规定地铁建设项目立项的经济标准：地方财政一般预算收入在100亿元以上；国内生产总值达到1000亿元以上。因此，珠海市在经济实力方面已经满足了申报建设大运量等级轨道交通（地铁）的基本条件。

（2）城市人口规模已达到申报建设轻轨条件，远期达到申报建设地铁条件

2015年珠海市常住人口为163万人，远期人口规划发展至300万以上。对比国家主管部门规定的城市快速轨道交通建设项目立项的人口规模和规划线路客流规模要求，珠海市已经满足申报建设轻轨的条件，远期达到申报建设地铁的基本条件。

（3）近期主要客运走廊上单向高峰客流达到申报建设轻轨条件

珠海市公交客流基本上呈以珠海香洲城区为基点向东向西放射的放射形。其中向西客运走廊主要有珠海大道。根据需求分析，由于人口增加、公交分担率提高等，近中期公交客流将翻番，珠海大道、迎宾路等向西向南主要客运走廊单向高峰客流达到1万～2万人次/h以上，远期将达到3万～4万人次/h。由此，从客流

角度看，近中期客流已达到申报建设轻轨的需求值，远期客流达到申报建设地铁的需求值。

综上，珠海市近中期达到申报轻轨的基本条件，远期达到申报地铁的基本条件。考虑国家已有对部分未完全达标的城市申报轨道交通建设予以审批通过的先例，且人口约束条件有放宽趋势，珠海应尽快开展并完成轨道交通前期工作，大力推动轨道交通建设实施。对于西部中心城区，应充分考虑轨道交通规划建设对城市交通的影响，结合轨道交通站点进行综合土地开发，同时对轨道交通用地进行预留和控制。

3. 城际轨道交通优化方案

根据《珠海市轨道交通线网修编（2014年）》，项目区有2条城际轨道：广佛江珠城际（与广珠、珠机城际形成U字形城际轨道网络）、珠斗城际，形成十字形的对外城际走廊，能够满足珠海市和西部中心城区对外主要需求。

与专项规划一致，城际轨道线位沿山体、农田、城市功能区边缘，能够减少对用地的分隔，其中广佛江珠高速新青段穿越了新青工业园区，可以通过对工业园区集约化、智能化改造提升，减少分割影响，因此，建议城际轨道交通线位和站点整体不变，既能满足对外快速交通联系，又能满足城市之间及组团之间快速交通联系；广佛江珠城际在西部中心城区设置三个站，分别是斗门站、井岸站和金湾站。经过与设计单位沟通，同时考虑建设成本，广佛江珠城际西部中心城区段建议敷设形式为高架，在立交处形式为地面线路，与机场北路平行，建议在机场北路上下行之间，具体进行专项设计（图16-2）。

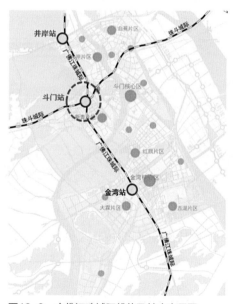

图16-2 广佛江珠城际线位及站点布局图

4. 轨道交通线网优化方案

1）整体线网保持不变，部分路段优化调整

总体规划远景轨道线网方案在规划范围有6条轨道交通：轨道交通1号线、2号线、4号线、5号线、6号线、7号线，线位覆盖了主要公交客运走廊，能够和中心体系很好地结合，覆盖了主要客流集散点，同时也符合客流空间分布特征，整体线位保留，结合具体情况进行微调。

（1）考虑与城际轨道站点结合，增加井岸站的换乘便捷性，将7号线向北延长一站至城际井岸站，将6号线延长至城际斗门站，并进行一体化TOD规划设计。

（2）与三江六岸和金湾片区的详细规划设计对接，对轨道交通4号线和5号线的线位进行调整，北移至金湾核心片区，强化对金湾核心区的服务。

2）核心区站点优化加密，提高轨道交通覆盖率

规划方案平均站间距大，在核心区客流集聚区（居住区、商业区、集中办公区）需要增加站点密度，在城市用地集中发展区对轨道交通站点进行加密，加密后站点间距在1～1.5km，加密12个站点，例如，对1号线的双湖路站和金湾枢纽站之间增加一个站点。

结合详细规划，对轨道线网方案进行优化布局，如图16-3所示。

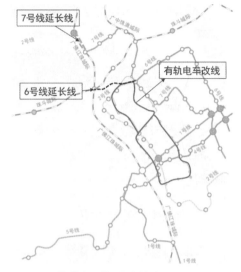

图16-3　轨道交通线网规划方案

第六节　有轨电车和快速公交优化规划

1. 有轨电车和快速公交功能定位

结合珠海市未来的发展规模和交通发展模式，明确珠海市和西部中心城区有轨电车和快速公交的定位：

西部中心城区有轨电车和快速公交是轨道交通的补充、过渡，也是提高地面公交水平的有效形式，填补轨道服务盲区，为轨道交通吸引客流。

特别是轨道交通建成之前，快速公交的建设尤其重要，能够迅速提升西部中心城区公共交通服务水平，培养人们乘坐公共交通的习惯，为轨道交通培育客流。

2. 有轨电车和快速公交网络优化方案

1）有轨电车线路

保留总体规划中2条主城区有轨电车线路，定位是轨道交通的补充、过渡，也是提高地面公交水平的有效形式，填补轨道服务盲区。在三江六岸片区，有轨

电车沿机场东路以西的交通走廊向北沿环湖路至三江六岸核心枢纽，与轨道交通2号线、轨道交通6号线、BRT2号线换乘，同时沿环湖路属于滨水线路，景观效果好。

有轨电车线网如图16-4所示。

2）快速公交线路

在轨道交通、有轨电车线路规划的基础上，系统优化快速公交线路，作为轨道交通线路的补充，同时也是轨道交通建成之前培养公交客流、大幅提升公交服务的重要手段，能够有效满足快速连通东部城区、辐射西部地区的需求。

一期规划2条核心区BRT线路，分别是东西向沿珠海大道快速公交1号线和南北向沿湖心路快速公交2号线。二期增加一条快速公交3号线，服务富山工业区，同时结合轨道交通的建设，在2030年后逐步取消与轨道交通1号线平行的快速公交1号线。2060年，随着轨道交通7号线的建设，取消快速公交2号线（图16-5）。

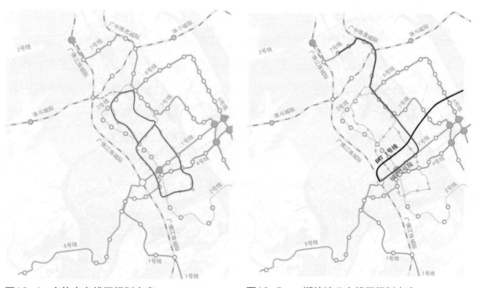

图16-4　有轨电车线网规划方案　　　图16-5　一期快速公交线网规划方案

第七节　轨道交通车辆基地布局原则及控制要求

车辆基地包括停车场、车辆段、综合维修基地。停车场是城市轨道交通车辆停放的场所，承担城市轨道交通车辆的停放、清洁、列检、维护和乘务工作。车辆段用于对城市轨道交通车辆进行较大的修整、检修，其中以大、架、定修设施为主，主要检修方式采用部件换修。综合维修基地是城市轨道交通线网中车辆互换部件的维修中心，具有较高的车辆检修能力。

1. 车辆基地布局原则

（1）与城市土地使用规划相协调。车辆段和停车场用地与城市土地使用密切相关，为合理使用城市土地，城市轨道交通车辆基地用地必须与城市土地使用规划相协调，服从城市总体规划的要求，其用地宜布置在城市边缘，应保留足够的用地面积及远期发展余地。

（2）有良好的接轨条件，用地位置尽量靠近正线，有较顺直的出入段线，以减少列车出入车辆段线路的长度，确保列车进入正线安全、可靠、方便、迅速、运行经济、节约能源。

（3）便于城市电力线路、给水排水等市政设施的引入，有完善的运输和消防道路，宜避开工程地质和水文不良地段，对周边环境影响小。

2. 车辆基地用地规模控制

车辆基地的总平面布置应以车辆段为主体，根据地形条件综合考虑维修基地、车辆段、停车场等功能设施，合理布置，力求紧凑、经济、实用，节约用地。车辆段一般可多线共用，停车场一般按照线路配属车辆多少，设置一处或多处停车场。在一般情况下每条线路设置1处，当运营线路长度超过20km时，适当增设停车场。根据《城市轨道交通工程项目建设标准》中的规定"车辆基地占地面积可根据0.1～0.13hm²/车进行控制"。在规划阶段，车辆基地占地面积还应适度留有余地。

建议西部中心城区轨道交通车辆基地占地面积指标宜按表16-3进行控制。

西部中心城区城市轨道交通车辆基地控制要求（m²/车）　　表16-3

车型	A/B型车	Lb型车
车辆基地	2500	2150
其中：停车场	600	500
车辆段	900	750
综合维修基地	1000	900

结合轨道线网规划布局和车辆基地占地面积指标要求，根据集约用地要求，提出轨道车辆基地布局方案和车辆基地用地规模，如表16-4、图16-6所示。

西部中心城区城市轨道交通车辆基地　　　　　　　表16-4

车辆段（停车场）名称	功能定位	段场配属（列）	用地面积（hm²）	备注
北部车辆段	停车场	10	40	7号线
中部车辆段	停车场	20	60	2号线、有轨电车两个独立用地集聚于广佛江珠运用所附近
南部车辆段	停车场	20	60	1号线、4号线、5号线共用
鹤州北车辆段	停车场	10	40	6号线

图16-6　西部中心城区城市轨道交通车辆基地分布图

第八节　常规公交发展规划

1. 常规公交线网优化

1）常规公交的功能定位

从长远看，珠海市城市交通发展战略是以公共交通为主导，建立以轨道交通为骨架，公共汽电车、出租车多种方式相互补充、良好衔接的多种交通方式协调发展的一体化公共交通体系。功能上，公共汽电车是珠海市城市客运交通的主体。在轨道交通建设前期，公共汽电车承担中长距离交通出行；轨道交通建成后，公共汽电车功能转变为承担中短距离交通出行，成为轨道交通的补充及公共交通各子系统的衔接，是组团内公共客运出行的主要方式。

西部中心城区常规公交线网作为公共交通网络的主体，随着轨道交通建成运营、有轨电车和快速公交系统的实施，其相互关系必然发生变化，主要包括：

（1）常规公交网络从规模和服务能力上仍处于主体地位；

（2）常规公交网络从功能和布局上对网络骨架的支撑和辅助加密作用；

（3）常规公交系统逐步向集约、高效、多级线网转变（快速线、骨干线和集散线）；

（4）随着一体化综合交通枢纽的建设，常规公交之间及其与其他方式之间由原来的路段换乘发展到枢纽换乘。

2）常规公交线网优化调整

依据常规公交的定位和布局思路，公交网络需要一个逐步调整的过程。调整要点主要包括：

（1）结合公交枢纽建设，持续提升换乘的便利性（实施包括免费换乘等），引导公交运营转向"枢纽+换乘"模式，西部中心城区的枢纽将是西部客流的集聚中心，能汇聚大量的人流，助力西部中心城区开发建设；

（2）按照公交分区及客流分布，均衡公交网络布局，满足主要的公交客运走廊需求，建议设置西部中心城区公交运营分公司，分区运营；

（3）调整目前常规公交线路过长、非直线系数过高、线路重复系数过大、客运量不足的线路；

（4）以轨道交通和快速公交建设为依据，调整布局上与之不协调的线路，注重于轨道交通的接驳和换乘功能。

常规公交运营模式调整：长距离直达、枢纽换乘模式，考虑到珠海市和西部呈现组团式分布以及长距离出行等特性，引导富山、平沙、斗门镇、高栏港汇聚在金湾核心区，大站快车、一站式直达线路，西部中心城区真正成为西部的中心，大部分的工作、生活等出行在西部解决。

为保证线路彼此之间是衔接互补的关系而不是相互竞争的关系，提高整个网络的利用率和客流效益，配合快速公交线路建设，构建"快速—干线—支线"三级公共汽电车线网，各层次公交线网在功能定位、服务范围及运行性能上存在差异化，乘客可根据自身出行需求选择合适的线路，近期具体根据公交场站条件及客流需求规划公交线路；远期结合西部中心城区规划人口和出行需求，西部中心城区公交线路结构至少需要达到以下水平。

（1）公交快线：15条（8%）

组团间穿梭线，连接主要枢纽站、重要公共活动中心，实现东部唐家湾、横琴、香洲等各组团、西部中心城区、高栏港、富山等跨组团联系。近期服务主要客流走廊，远期服务轨道未覆盖的客流走廊。车辆选用乘坐舒适、性能出色的新型空调车或铰链车，高峰期间西部中心城区内部公交快线发车间隔为8～10min，线路长度在20～30km，站距控制在700～1000m，线路行驶的道路主要在公交专用道、快速路上，保证线路有较高的行驶速度，平均运行车速在25～30km/h左右。

远期，综合考虑城市总体布局、轨道网络布局、快速道路功能布局及远期客流走廊分布，西部中心城区规划15条以上快速线路，占远期公交线路总数的8%。

（2）公交干线：90条（50%）

连接主要客流集散点、公共活动中心及客运枢纽，加强组团之间特别是相邻组团之间的联系。一方面作为轨道交通和公交快线的辅助线路，服务于城市次要客流走廊；另一方面联系周围客流量较大的公交枢纽，作为轨道交通和公交快线往周围地区发散的辐射线路，提高公交线路的服务覆盖。车辆宜选用具有空调设备的大型公交车，高峰发车间隔为5～10min左右，线路长度在15～20km，平均站距控制在400～600m，中心区可加密到400m左右，主要沿干道行驶以保证其车速，平均运行车速在15～20km/h左右。

综合考虑城市布局、轨道交通和公交快线、主要干道布局结构及客流需求分布，西部中心城区远期规划90条公交干线，占远期公交线路总数的50%。

（3）公交支线：75条（42%）

接驳快速、骨干线路及远期的轨道交通，主要承担片区或组团内部的居民短距离公交出行，设置在主要居住区、社区中心附近，或靠近大型集散点，如交通及快速公交站点、大型商场、公园、公共活动中心等。车辆视客流而定，一般采用中型公交车。高峰时段发车间隔为3～5min，线路长度在5～10km左右，平均站距控制在400m左右，中心区可加密到350m。途经各片区或组团内部的主、次干道和主要支路，平均运行车速在15～20km/h左右。

远期，在轨道交通、公交快线、公交干线网络的基础上，规划75条公交支线，占远期公交线路总数的42%（表16-5）。

西部中心城区三级公交线路主要指标　　　　　　　　　　　表16-5

	快线	干线	支线
线路数（条）	15	90	75
比重	8%	50%	42%
线路平均长度控制（km）	20～30	15～20	5～10
高峰发车间隔（min）	8～10	5～10	3～5
平均运行速度（km/h）	25～30	15～20	15～20

2. 公交专用道规划

1）公交专用道类型

西部中心城区公交专用道服务对象涵盖常规公交、快速公交和有轨电车三大系统，从功能上可以将中心城区公交专用道划分为四种：

（1）路权专用有轨电车专用道；

（2）路权专用快速公交专用道；

（3）允许常规公交使用的快速公交专用道；

（4）路权专用常规公交专用道。

快速公交专用道是否允许常规公交进入，以常规公交是否影响快速公交的正常运营为判断标准，可先结合客流测试结果作初步判断，然后根据线路的实施情况调整。

2）公交专用道设置条件

根据新加坡经验，以构建绿色生态交通系统的高标准设置西部中心城区公交专用道网络：

（1）公交车流量超过40辆/h，则需在高峰时段设置公交专用道；超过100辆/h，需要全天设置公交专用道。

（2）交叉口出口道上公交专用车道的起点距对向车道停车线的距离应大于相交道路转向车变换车道的距离，应不小于30m。

（3）若两路口间路段长度不足150m，可不设公交专用车道。

（4）路段上公交专用车道宽度应不大于3.75m，不小于3.25m，交叉口处专用车道宽度应不小于3.0m。

此外，按照国内外经验，目前公交专用道的宽度一般为3.5m每车道。由于公交专用道的设置至少要占用一条车道，在为公交车辆提供车道的同时，也要考虑到其他机动车辆通行的需要，因此，实施公交专用道的道路单向至少应具备两条机动车道，一条作为公交专用车道，其余车道供社会车辆使用，若单向具备3~4条车道更佳。

3）公交专用道规划

西部中心城区公交专用道布局与公交林荫大道一致。基于在珠海西部中心城区范围内形成完善的公交专用道网络、最大限度实现公交优先与促进西部中心城区发展的目标，公交专用道主要在轨道建设前期发挥作用，整个轨道网络建成后，部分与之重复的公交专用道可视客流情况予以撤销。

4）公交专用道性质

根据不同公交走廊的客流特征和道路运行条件，可将公交专用道分为高等级全天候公交专用道和时段性（高峰）公交专用道两种。

湖心路、双湖路等主要客流走廊上的公交专用道可设置为高等级全天候公交专用道，同时为可能发展的快速公交系统提供专用路权核心要素。

其他次要客流走廊上的公交专用道可设置为时段性公交专用道，确保早高峰（7：00～9：00）与晚高峰（17：00～19：00）公交专用。

3. 场站布局规划

本次优化将西部中心城区公交场站分为枢纽站（城市一体化综合交通枢纽的组成部分）、首末站、停保场和修理厂：枢纽站、公交首末站属于服务于公交运营的场站，是乘客乘坐、换乘公交及其他方式的场所；公交停保场和修理厂属于公交车辆的场站，主要承担停车、保养、维修的功能。按照远期规划人口规模以及公交出行需求预留枢纽场站用地，从源头保障公交运营和服务。

枢纽站、首末站是供行车调度人员完成运营调配和司售人员休息的地方，也供日常停车使用。根据《城市综合交通体系规划标准》GB/T 51328—2018的要求，每条线路枢纽站、首末站用地标准按1400m²考虑。停保场主要为营运线路车辆提供合理的停放空间、场地和必要设施，并承担营运车辆的保养任务及相应的配件加工、修制和材料、燃料的储存发放等，根据新加坡及其他城市经验，停保场配置标准按照160m²/标台考虑。枢纽站和首末站承担20%车辆的夜间停放，停保场承担80%的夜间停放。枢纽和首末站夜间停车避免对周围居住区的环境和噪声造成影响（表16-6）。

公交场站规模计算　　　　　　　　　　　　　　表16-6

场站	标准	规模（hm²）	功能
枢纽、首末站	1400m²/条	21.36	线路运营、20%车辆夜间停放
停保场	160m²/标台	25	80%车辆的夜间停放、保养、维修需求
合计	206m²/标台	46.36	大于200m²/辆

基于以上推算，2060年西部中心城区公交场站总规模约为46hm²，折合成每标准车206m²/标台，符合《城市道路公共交通站、场、厂工程设计规范》CJJ/T 15—2011中首末站、枢纽站、停车场、保养场的综合用地面积不应小于每辆标准车200m²的标准。

1）枢纽站优化（结合轨道交通、TOD优化，强化无缝换乘，2个示范枢纽）

枢纽是实现各种交通方式有效转换的关键环节，因而枢纽规划是客运系统规划的核心内容之一，直接影响到交通系统的运输效率和合理交通方式结构的形成。而以往在城市发展中，交通枢纽建设没有引起足够的重视，造成各种交通之间连接不紧密。不方便的换乘降低了内外交通的衔接效率，也使得公交失去吸引力，公共客运系统的效能无法得到充分发挥。因此，作为综合交通体系的支柱，加强客运交通枢纽建设是实现客运交通一体化的关键措施。本次枢纽站优化从功能上分类包括市域对外客运枢纽和城市公交换乘枢纽两部分，结合轨道交通（含城际轨道）布设。

对外枢纽的功能包括以下几个方面：

（1）在对外客运枢纽内可以航空、铁路、长途客运等对外公共交通方式实现珠海及西部中心城区与外省市的联系功能；

（2）在对外客运枢纽内实现对外交通运输方式与珠海及西部中心城区城市交通方式的无缝衔接、快速集散的功能；

（3）兼顾珠海市东部与西部、主要功能组团城乡联系功能；

（4）通过对外客运枢纽实现航空、铁路、长途客运等多种对外交通方式换乘功能；

（5）通过对外客运枢纽实现同一种交通运输方式不同线路的换乘功能。

城市公交换乘枢纽的功能表现在以下几方面：

（1）本模式内高效换乘；

（2）提供多模式转换良好条件；

（3）扩大轨道交通服务范围；

（4）内外交通的无缝衔接；

（5）截流进入城市中心区域的机动车交通；

（6）为公共汽车等公交合理运营提供条件。

结合功能、流量以及TOD用地要求，对西部中心城区范围内枢纽进行分类和细化，主要分为四类：

对外交通枢纽（A类）：承担城市内外转换的综合客流集散点。如高铁，城际轨道和地铁换乘站点。

城市综合枢纽（B类）：承担区域中心功能的轨道站点，原则上为多条地铁换乘站点。

片区交通枢纽（CI类）：承担城市区域内片区中心功能的轨道站点，原则上为地铁和公交（或有轨）换乘站点。

一般交通枢纽（CII类）：承担邻里区域内的公共服务中的站点，原则上为一般地铁站点。

远期规划十大空调一体化枢纽站，占地15.9934hm²，布局如图16-7、图16-8、表16-7所示。

图16-7　西部中心城区枢纽站布局

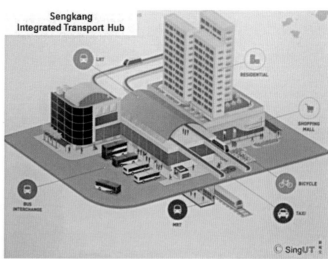

图16-8　新加坡一体化枢纽示意图

西部中心城区枢纽站布局一览表　　　　　　表16-7

编号	名称	规模（m²）	其他主要功能
1	金湾枢纽	35000	城际、公路客运
2	三江六岸	15000	
3	西湖	10000	
4	湖心路口	11657	现状5000，近期扩建
5	红旗	10000	
6	大霖	10000	
7	斗门	10000	城际
8	井岸	10000	城际
9	白蕉综合车场	38277	公路客运、综合车场
10	黄杨	10000	
合计		159934	

从平面布局上看，常见的枢纽站（公交换乘站）有以下几种形式。

（1）并行排列式（图16-9）

该形式对于各线的进出站台较为方便，其缺点是灵活性差（如果某条线路停车空间不够，不允许其车辆驶入其他线路的站位），而且乘客行走与车辆之间冲突较为严重。

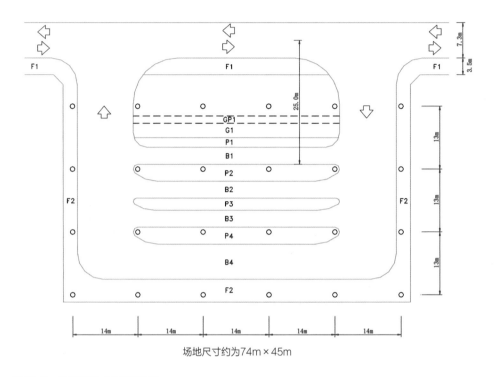

图16-9　并行排列式公交换乘站

（2）周边分布式（图16-10）

该形式的最大特点是灵活性大，不同线路的暂停车辆可以集中停放在中央停车区；各个站位（图中的B1～B8）的布局亦可按需要调整。由于乘客的上下车和换乘在周边步行区进行，不存在人车冲突。其缺点是乘客区域较为分散，线路之间的换乘略费周折（与下一种形式相比）；且乘客区域大，提供高标准的候车环境（如室内空调）可能较为昂贵。此外，车辆从停放区进入站位有时会不太方便。

（3）岛屿式（图16-11）

本形式亦有人车之间冲突小的优点。同时，本形式通过将站位区与停车区对调，将乘客集中到一个"岛屿"上，换乘更为便捷。也因为乘客区范围较小，便于提供高质量的候车环境（室内带空调）。如果该站位与地铁站相邻近，则能方便地在"岛屿"中间开设到地铁的通道；而如果其二层有行人走廊，也能方便地与之相连接。但本形式仍有车辆从停车区进入站位有时会不方便的缺点。

（4）近期公交换乘站试点

为了努力实现西部中心城区公交出行率达到45%～50%的目标，建议在西部中心城区区域内设置两处能容纳10～15条线的公交换乘站，并提供高质量的公交换乘环境，例如，带空调的等候区，布局形式可以选用周边分布式。根据该区土地使用

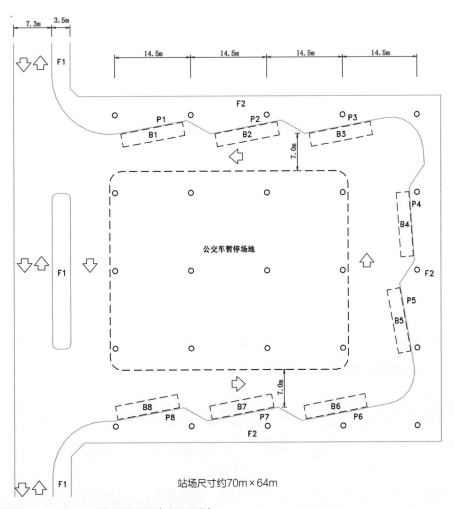

图16-10　周边分布式公交换乘站（建议形式）

规划，建议近期优先建设的具备换乘功能的公交首末站位置为金湾枢纽站和三江六岸中心站，布局形式建议为周边分布式，提供空调服务，上盖物业，形式对标新加坡大型公交换乘站，如新加坡Bedok空调一体化公交换乘枢纽。

①金湾枢纽站位置：为城际车站以及车站周边高密度开发地块提供良好的公交服务，用地面积为35000m²，安排12~14条公交线路停靠；

②三江六岸中心站位置：接驳三江六岸核心地铁换乘站和公共停车场，为商业街及斗门核心地块提供良好的公交服务，用地面积为15000m²，安排8~12条公交线路。

2）公交首末场优化（独立占地+非独立占地配建）

珠海市和西部中心城区面临着公交首末站用地缺乏、开发动力不足问题，对此，建议西部中心城区未来加大采用非独立占地的配建首末站建设模式，即未来配

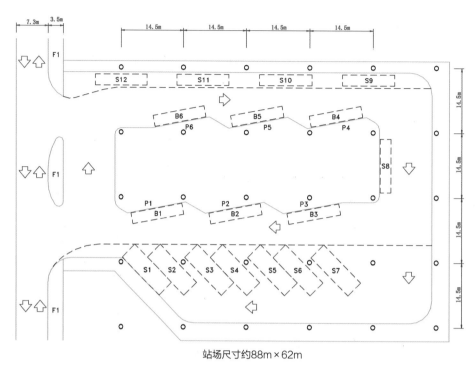

站场尺寸约88m×62m

图16-11　岛屿式公交换乘站

建首末站将以非独立占地为主，附设于建筑第一层。非独立占地配建首末站的建设模式既化解了城市转型期首末站用地落实难的问题，又能够与客流紧密结合，为实现"门到门"高品质的公交服务创造物质基础。在城市规划图则规划确定、修编、城市更新中保障独立用地和非独立用地配建的公交首末站用地的控制和预留。

新加坡和香港配建首末站主要为非独立占地的附设式首末站，设于建筑第一层，并制定了一套完善的实施机制。既有"自上而下"逐层保障机制，又有规划许可附带条件和容积率奖励等反馈机制，对规划存在的滞后性及实施脱节等问题适时进行调整，保证了配建首末站与土地利用的紧密结合。此外，还有专门的设计指引，确保配建首末站功能的实现。香港首末站中物业配建首末站超过40%，土地开发与公共交通高效整合，配建首末站的普及为地面公交发展提供坚实的基础（图16-12）。

（1）公交首末站布局优化原则

①公共交通首末站是公交场站设施的重要组成部分，应结合城市规划和用地情况合理布设，以保障公交的畅通安全、使用方便、经济合理。

②公交首末站应设置在全市各主要客流集散点附近较开阔的地方，如火车站、码头、汽车站、分区中心、大型商场、公园、体育馆等。在客流集散量特别大，多条公交线路相交的地方设置成交通换乘枢纽站。

③在大型住宅区内，公交首末站宜分散均匀布置，使一般乘客都在该站350～

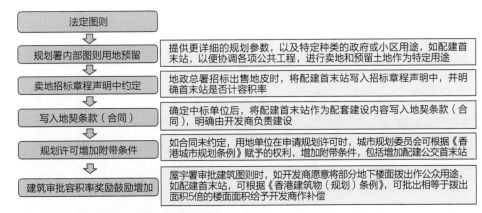

图16-12　香港配建首末站实施机制流程图

500m的半径范围内，方便居民的出行。

④超过万人的新建大型住宅区必须配建公交首末站，应根据小区的区位、用地和人口规模以及交通出行状况来配备，一般可按1200～1300m²/万人的标准来设置，尚未配备的住宅区应选址增设场站。在城郊区的居住区，公交首末站的规模可以适当放宽。

⑤公交首末站应该设置在次干道或小区主要道路旁，以方便公交车辆的进出，但不宜设在城市主干道和平面交叉口旁。

⑥规划公交首末站时，现有站点原则上应予以保留，以节省投资。要做到"新旧兼容、远近结合"，体现规划的稳定性和延续性。

⑦根据城市规划，在重点乡镇布设有简易站房和停车场的乡村公交首末站。

（2）公交首末站布局优化方案

远期西部中心城区共规划有26个公交首末站，其中，16个独立占地公交首末站，10个非独立占地配建公交首末站。西部中心城区范围内城市更新或新建项目，应结合其用地几何中心，300m范围内的居民出行需求，优先在城市新建地区或城市更新地区配建公交首末站。当城市更新或新建项目用地超过10hm²时，应配置公交枢纽站（公交换乘站），其规模专题研究确定。首末站及公交枢纽站（公交换乘站）宜采用附设形式（表16-8、表16-9、图16-13、图16-14）。

不同类型建筑配建公交首末站用地规模控制标准　　　　表16-8

项目类型	项目用地面积（m²）	场站占地面积占项目用地面积的比例（%）
居住	≥5000	≤20
商业（含商业服务、批发市场）	≥6000	≤15
其他	≥4000	≤25

配建公交首末站最小建筑规模（m²）			表16-9
分级	区域1	区域2	区域3
1条线路	800	1000	1000
2条线路	1200	1500	1800
3条及3条以上线路	每增加一条线路，增加500	每增加一条线路，增加600	每增加一条线路，增加700

注：区域1包括金湾核心区、三江六岸核心区；区域2包括井岸、白蕉、红旗老城区；区域3指区域1和区域2以外的其他区域。

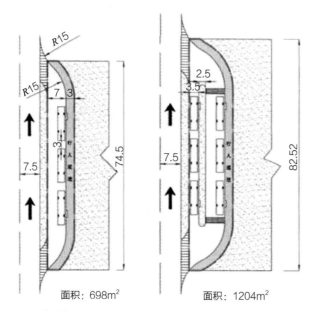

图16-13　港湾式配建公交首末站布局示意图一

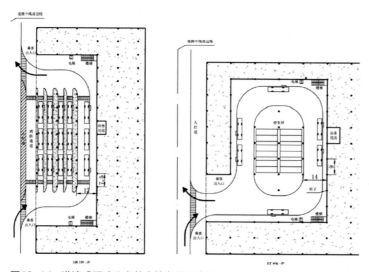

图16-14　港湾式配建公交首末站布局示意图二

独立用地公交首末站布局如图16-15、表16-10所示。

图16-15 独立用地公交首末站布局规划图

	规划独立用地公交首末站分布表		表16-10
编号	停保场名称	面积（m²）	备注
1	白蕉北站	4000	新增
2	工业大道北	18795	
3	银城酒店	1000	
4	井岸中心南	4000	
5	白蕉工业区	5000	
6	三江六岸南站	4000	
7	白藤湖分站	3000	
8	新青西站	28000	新增
9	红旗站	4000	新增
10	湖心路东站	5000	
11	金湾中心南站	1803	

续表

编号	停保场名称	面积（m²）	备注
12	西湖北站	4000	新增
13	西湖南站	3000	新增
14	大霖山站	3000	
15	小林站	7000	
16	白藤北站	3000	新增
	合计	98598	

3）公交停保场和维修厂优化（试点立体综合停保场）

考虑到需要新增场站规模非常大，而珠海市西部中心城区用地非常紧张，为此，建设立体式的公交停保场站或对现有场站进行立体化改造应作为解决公交场站用地资源匮乏的重要途径。

（1）规划布局原则

①公交修理厂宜建在距城市分区位置适中、交通方便、周围有一定发展余地的市区边缘，远离住宅区，同时注意避开交通流量较大的主干道且厂区半径不小于100m范围内避免有居民居住。

②停车保养场布局作为城市规划的一个组成部分，它必须符合城市总体规划，要充分考虑城市土地利用规划中的工业、居住和第三产业等的布局。

③统一规划，远近结合，要根据城市土地的开发，逐步完善场站的建设，被选地块的用地面积要既能为其后续发展留有余地，又不至于阻碍附近街区未来的发展，正确处理好现状与远景的关系。

④新旧兼容，充分考虑利用现有公交场站用地、设施，以节省投资，方便实施。

⑤为保障城市公共交通的畅通安全，停车保养场要避免建在闹市区、居民区和主干道内，应该选择在交通情况比较清净、进出方便的次干道旁。

⑥根据预测的场站规模，确定合理的场站个数，大中小结合，并分片区均匀布置，以减少公交车辆的空驶距离和公交司乘人员的通勤距离，保证公交停车保养的使用方便、经济合理。

（2）规划布局方案

根据公交停保场的规划原则，在公交需求预测分析的基础上兼顾用地规划的可行性，在既有公交停保场基础上，规划新增8个公交停保场，其中，有3个停保场具备大修功能，分别为白蕉北停保场、小林北站和大霖南站，共15万m²（表16-11、图16-16）。

<table>
<tr><td colspan="4" align="center">规划新建、改建公交停保场</td><td align="right">表16-11</td></tr>
</table>

编号	停保场名称	面积（m²）	备注
1	斗门北站	20000	
2	白蕉北停保场	50000	具备大修功能
3	新青工业园站	20000	
4	白藤湖北站	20000	
5	小林北站	50000	具备大修功能
6	小林东站	20000	
7	大林站	20000	
8	大霖南站	50000	具备大修功能
	合计	250000	

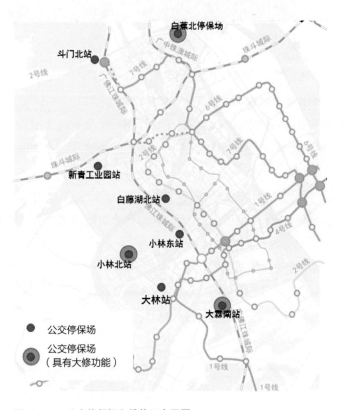

图16-16　公交停保场和维修厂布局图

个别用地紧张的场站可考虑立体化建设形式，如图16-17所示。

（3）充电站（桩）、加油站、加气站布局规划

新建或改造已有公交场站设施应考虑新能源公共交通工具对设施的要求，根据

图16-17　多层立体公交停保场布局示意图

实际需要预留加油（气）、充电功能的用地面积。

（4）中间停靠站（港湾式停靠站）布局规划

公交中途停靠站的位置、间距、设计和管理对公交系统作用的发挥有着很大的影响。公交中途停靠站点的布置通常主要考虑的是站点的合理间距，最优站间距的目标是使所有乘客出行的总行程时间最小，一般而言，较长的车站间距可提高公交车的平均运营速率，并减少乘客因停车造成的不适，但乘客出行起点（终点）到上（下）车站的步行距离会增大，并给换乘出行带来不便。而站间距缩短则情况相反。

根据《城市综合交通体系规划标准》GB/T 51328—2018，公交停靠站的站距应该符合表16-12的规定。同向换乘距离不大于50m，异向换乘距离不应大于100m，在道路平面交叉口和立体交叉口上设置的车站，换乘距离不宜大于150m，并不得大于200m。

公交停靠站的站距		表16-12
公交车	市区线（m）	郊区线（m）
公共汽车与电车	500~800	800~1200
快速公交/大站快车	1500~2000	1500~2500

　　由于核心区路网规划相对较密，地块发展密度比较高，未来将有大部分的人乘坐公共交通出行，为了更好地满足乘客出行乘车需要，核心区域内公交停靠站位置距离的选择相对于国家规范略短，基本上以400m距离为站距。

　　建议在公交主走廊设置大型的港湾式停靠站，可以同时满足3辆公交车进站，停靠站的长度约为80～100m；其他次主要公交走廊和公交首末站以及地铁站附近则设置小型港湾停靠站，可以同时满足2辆公交车进站，其长度约为60～80m；核心区内公交线路设置非港湾停靠站，根据新加坡经验，核心区内设置非港湾式公交站有助于提高公交车辆运行效率。建议的公交港湾式停靠站点布局如图16-18所示。

图例
━ 三车位公交港湾
━ 两车位公交港湾

图16-18　公交港湾式停靠站布局图

第十七章　综合交通枢纽TOD规划

第一节　综合交通枢纽TOD规划目标

1. 规划背景

珠海正致力于建设成国际生态、宜居城市。根据珠海市概念规划和珠海市总体规划，西部中心城区作为"一核两心"城市布局的西部中心，将是珠海未来拓展的重要方向，未来的现代化田园新城。

1）城市发展目标

（1）倡导环保节能的生态之城

既能保证城市持续增长，又保证城市发展的质量，既满足城市发展对资源环境的需求，又能满足居民的基本需求，人、自然环境融为一体，互惠。

（2）引领健康生活的宜居之城

秉承"低碳出行"的理念，使慢行方式逐步成为居民出行首选，实现人车友好分离、机非友好分离和动静友好分离。高密度的慢行道路系统串联大部分居住、产业和公共设施，确保实现公共交通站点周边环境清洁优美，生活健康舒适。

（3）推动城市发展的示范之城

大力发展现代服务业，积极对接区域大型交通设施，承担作为珠中江核心城市功能区、引领西岸崛起历史使命；高标准配置各级公共服务设施，与全市绿道网充分衔接，促使绿色交通观念深入人心，最终成为珠江口西岸新城建设的典范。

2）推动TOD理念，实现西城集约发展

1993年美国著名规划师彼得·卡尔索普（Peter Calthorpe）基于对美国郊区蔓延式城市发展和小汽车优先的规划思路的重新审视和思考提出了TOD公交引导型城市发展的概念。他提出TOD模式社区是一个半径约600m，步行范围的社区，其中心是公交站点和主要商业中心。TOD集多样住宅、商店、办公楼、开放空间及其他公共设施为一体。TOD的整体环境要便于行走，在其社区居住和工作的人们可以很方便地通过步行、自行车、公共交通或汽车到达他们想去之处。如图17-1所示。

TOD是新城发展的重要理念，TOD模式提出的充满活力的宜居社区、绿色交通主导的便捷出行和交通引导的合理城市结构和用地模式三个主要目标指出了现代城市应有的发展方向，珠海西部新区西部也应开展全区的TOD发展规划，引领城市发展。

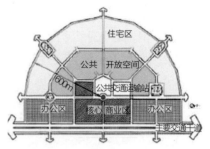

图17-1　典型TOD功能结构

2. 珠海西部中心城区TOD发展目标

根据珠海的城市发展目标，结合TOD的规划理念，拟定西部中心城区推动TOD的发展目标如下：

（1）以枢纽站点为核心打造宜业宜居社区。

通过轨道交通站点周边土地一体化开发，形成宜业宜居城市单元，与刘太格设计的新镇模式相结合，提供多层次生活、就业、服务设施，满足市民日常生活、工作需要；同时，一体化开发也为轨道交通提供足够客流支撑，增加社区活力。

（2）以轨道为依托，实现绿色出行。

珠海拟打造以绿色交通（公交+自行车+步行）为主导的便捷、绿色出行结构，建设良好的公共交通设施，为市民提供舒适的"跨区域"出行服务，建设安全舒适的绿色交通出行环境，配合宜业宜居生活社区和舒适工作环境建设。

（3）轨道交通引导城市发展，形成正外部性。

公共交通引导珠海形成合理的城市结构和用地模式，设置合理的开发次序，减少对道路系统及公交系统的负担。

第二节　综合交通枢纽TOD规划理念及范围

1. TOD规划范围

研究范围涵盖珠海西部中心城区，东至天生河、坭湾门水道，南至西湖大道，西至机场高速、鸡啼门水道，北至粤西沿海高速。枢纽优化区域总面积约为248km^2。

2. 枢纽分类

1）枢纽分类

城市轨道交通站点存在较大的差异，TOD模式开发中应注意这种不同，故针对轨道交通站点进行详细的分类。

根据中国轨道交通站点的现状、位置和作用等不同，考虑车站周边交通流量、换乘需求、土地可利用潜力等方面因素，根据人流交通密度程度、换乘需求量大小和车站周边用地开发潜力的不同，同时结合住建部《城市轨道沿线地区规划设计导则》与珠海轨道线网规划方案的实际情况，将枢纽站点的类型分为四种，见表17-1。

交通枢纽分类　　　　　　　　　　表17-1

交通枢纽分类	主要功能	包含的主要交通方式（按照优先顺序）
对外交通枢纽（A类）	主要承担城市内外转换的综合客流集散节点，如：机场、高铁、城际轨道站点、城际轨道和地铁换乘站点	主要包括城际交通、城市轨道交通、城市公共交通
城市综合枢纽（B类）	主要承担区域中心功能的交通枢纽，以城市内部交通为主，原则上为多条地铁换乘站点	城市轨道交通、常规公共交通系统交汇衔接，几乎具备全部城市交通方式
片区交通枢纽（C类）	承担片区或组团范围内公共服务中心功能的交通枢纽，原则上为地铁和有轨交通（或公交干线）换乘站点	轨道交通为主，有轨电车、通过性公共汽车、自行车、步行、出租车、少量小汽车
一般交通枢纽（D类）	承担邻里区域的公共服务中心的站点，原则上为单独的轨道站点	轨道交通、公共汽车为主，自行车、步行衔接为辅

2）枢纽周边一体化开发（TOD）范围

根据住建部的《城市轨道沿线地区规划设计导则》、珠海轨道线网的规划方案，对枢纽站点周边的开发范围作一个分区划分：

（1）枢纽核心区：指距离站点约300～500m，与站点建筑和公共空间直接相连的街坊或开发地块。

（2）枢纽影响区：指距离站点约500～800m，步行约10min以内可以到达站点入口，与轨道功能紧密关联的地区。

3）珠海西部中心城区枢纽分类

根据西部中心城区规划的轨道线网布局，采用上述定义的枢纽分类方法。珠海西部中心城区的枢纽布局如图17-2所示。

（1）对外交通枢纽（A类）

一共有3个对外交通枢纽，包括金湾枢纽（A1）、珠斗—广佛江珠城际交汇枢纽（A2）、斗门枢纽（A3）。

（2）城市综合枢纽（B类）

一共有4个城市综合枢纽，包括2号线和5号线交汇站（B1）、1号线、2号线和6号线交汇站（B2）、1号线和6号线交汇站（B3）、2和4号线延长线交汇站（B4）。

（3）片区交通枢纽（C类）

片区交通枢纽分为2种，一种为轨道线与有轨线交汇站，一共有6个枢纽，C1、C2、C3、C4、C5、C6。

另一种为轨道线与公交干线的交汇站，一共有4个枢纽，C7、C8、C9、C10。

（4）一般交通枢纽（D类）

规划范围内单一的轨道站点，共有23个枢纽（D1~D23）。2号线上11个（D1~D11）、5号线上2个（D12、D13）、1号线2个（D14、D15）、6号线1个（D16）、4号线延长线7个（D17~D23）。

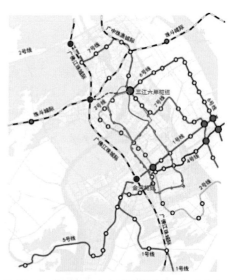

图17-2　珠海西部中心城区范围的枢纽分类布局图

3. TOD规划及开发引导策略

将TOD站点所处的环境分类两大类，待建设区和已建成区。其引导开发原则如表17-2所示。

站点开发引导策略原则建议　　　　　　　　　　　表17-2

土地开发特征	原则策略
待建设区	（1）适度提高土地开发强度。注重调整用地功能、优先布局城市功能设施。 （2）站点周边混合用地，高强度开发，向外围开发强度逐渐降低。合理组织轨道交通站点周边用地空间布局与强度分配，能较好地服务于轨道交通系统。形成轨道枢纽两侧各500m范围内，以高强度开发的多功能、混合用地（如居住、商业、办公等）为主，向外围强度逐渐降低，并向人流量少的用地性质过渡。 （3）交通衔接良好。常规公交接驳良好的新型TOD城区；自行车停放点与步行道路系统接驳良好
已建成区	（1）土地开发应以用地整合及综合改造为主，充分考虑现状，适度调整用地功能与开发强度，开发强度保持与现状控制指标适度平衡，用地控制主要侧重于土地功能的置换，提高土地使用价值。 （2）完善站点周边配套服务设施，使每一个轨道交通站点周边都能满足日常生活需要。 （3）对轨道站点周边500m范围进行用地功能和开发强度的优化调整，协调好改造地区与保留地区的关系。 （4）完善与公交、步行系统的接驳设施，逐步形成服务于轨道交通系统的TOD模式

4. TOD模式的核心要素

1）TOD模式的核心要素

TOD模式提出20年来，其概念不断丰富，但其根本一直围绕三个核心要素展开：优质公交服务、土地综合开发和舒适慢行环境。

（1）优质公共交通服务

轨道交通为主体，有轨电车、公交巴士方式为补充的优质公交服务网络。

（2）土地一体化开发

TOD核心站点及其周边土地一体化、高密度、多功能、分层次土地综合开发。

（3）舒适慢行环境

TOD核心站点周边舒适、便捷的步行和自行车环境。如地下步行通道、有盖连廊连通到站点周边各建筑等。

通过以上三大要素的构建，充分实现以人为本、一体化、无缝衔接、零换乘的理念。

2）珠海西部中心城区TOD模式实施关键点

在国内外TOD发展经验基础上，珠海西部中心城区TOD模式的实施有五个关键点：建立多部门综合协调机制，实施轨道交通站点分类、分区、分圈层土地一体化开发；轨道交通站点周边提供丰富的综合服务设施；轨道交通站点与其他交通方式无缝衔接，便捷换乘；轨道交通站点周边提供舒适的慢行环境；部分轨道交通站点上盖物业和站点内部开发。

5. TOD开发区域和非TOD开发区域

根据TOD综合枢纽的分类和客流集散强度，将西部中心城区划分为TOD开发区域和非TOD开发区域。其中，TOD开发区域围绕TOD枢纽一体化高强度混合用地开发，配套高效、集约、零换乘的公共交通、步行和自行车资源；非TOD开发区域落实低开发强度、高绿化，从而整体在保障开发总量的前提下，优化资源配置，疏密结合，提升西部中心城区环境和品质。

与城市中心体系结合，根据TOD枢纽区位和交通辐射强度的不同，将TOD开发区域分为一级开发区域和二级开发区域，一级开发区域以枢纽站为中心，覆盖周边2km²范围，二级开发区域为1km²范围。西部中心城区TOD开发区域共16处，其中一级开发区域10处，二级开发区域6处。

近期结合中心体系和广佛江珠城际铁路建设，打造6处TOD枢纽。4处一级枢纽：金湾枢纽、三江六岸枢纽、井岸枢纽、斗门枢纽，2处二级枢纽（图17-3）。

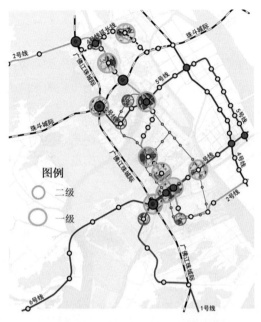

图17-3 珠海西部中心城区TOD开发区域布局图

第三节 综合交通枢纽TOD一体化规划设计

TOD一体化开发将综合考虑用地性质控制及开发强度、多种交通方式无缝衔接、枢纽步行衔接规划设计及站点层面开发规划设计这三大方面的相关规划设计：

（1）优化土地利用类型，形成TOD开发区域范围内，尤其是轨道交通站点周边500m范围内，多功能、混合用地（如居住、商业、办公等）为主（已经与西城总规对接，融入西城总规成果）。

（2）优化土地开发强度，站点周边高强度开发，向外围强度逐渐降低，并向人流量少的用地性质过渡（已经与西城总规对接，融入西城总规成果）。

（3）保障良好的交通衔接。交通无缝衔接、交通换乘设施的预留和控制以及交通设施的一体化换乘是提升枢纽品质，保障TOD开发成功的重要因素。

具体请参看《珠海西部中心城区TOD规划设计实施导则》（以下简称《导则》）。

1. 用地性质控制及开发强度规划设计

1）对外交通枢纽

（1）用地功能

在满足综合交通功能的基础上，鼓励进行一体化开发，包括商业、办公、会议、酒店、娱乐等功能。同时，位于城市中心区的枢纽站应考虑城市综合体的建设方式。

（2）建设强度

应遵循集约用地和便捷换乘的原则，协调不同开发和建设主体，合理确定枢纽站周边地区的建设强度，并应根据轨道及周边交通设施的承载力进行校核。

（3）其他要素

建筑密度、绿地率等规划控制指标，应主要根据枢纽所处区位及该区域城市发展的实际需求确定，并应通过概念性城市设计方案进行调整。

2）城市综合枢纽

（1）用地功能

①以商业服务业、商务办公、公共管理与公共服务等功能为主；

②居住开发：可兼容公寓等集约型建设，居住开发不超过总建设量的30%，鼓励以多种形式提供公共开放空间；

③公益性综合体：鼓励在综合体内设置公益性的科教、文化娱乐、体育活动等设施及政府办事机构。

（2）建设强度

站点核心区范围内地块的净容积率下限为5，站点影响区范围内地块的净容积率下限为3.5。如用于居住功能，则居住功能部分的容积率仍然要考虑上限，以保证良好的人居环境。

（3）其他要素

①鼓励设置立体绿化，并按照一定比例将立体绿化面积折算为绿地面积，纳入绿地率计算。

②应实行较严厉的交通需求管理政策，不宜设置城市公共停车场，各功能单元的建筑停车配建指标应在城市配建指标基础上进行折减。

③建筑密度：站点核心区地块的建筑密度宜在60%～85%之间。

3）片区交通枢纽

（1）用地功能

①以商业服务业、公共管理与公共服务、居住等功能为主。

②在轨道站点核心区范围内，鼓励以多种形式灵活利用立体空间，提供为周边社区直接服务的中小学、幼儿园、公共医疗设施、文化设施、养老设施、体育设施等公共服务功能。

③鼓励为以多种形式灵活利用立体空间提供公共绿地和广场。

（2）建设强度

城市站点核心区范围内地块的净容积率下限一般可按3控制，轨道影响区范围内地块的净容积率下限一般可按2.5控制。如用于居住功能，则居住功能部分的容积率仍然要考虑上限，以保证良好的人居环境。

（3）其他要素

①地下空间：鼓励综合体利用地下空间设置地下商业、娱乐等经营性功能。

②绿化率：鼓励设置立体绿化，并按照一定比例将立体绿化面积折算为绿地面积，纳入绿地率计算。

4）一般交通枢纽

（1）用地功能

城市居住社区或就业密度高、通勤需求较强的产业区；根据城市规划确定，鼓励混合开发。

（2）建设强度

城市站点核心区范围内地块的净容积率下限为2，站点影响区范围内地块的净容积率下限为1.5。如用于居住功能，则居住功能部分的容积率仍然要考虑上限，以保证良好的人居环境。

2. 多种交通方式无缝衔接规划设计

1）轨道影响区内道路系统衔接原则

（1）校核沿线区段道路功能：将通过性交通功能布置在轨道站点核心区范围以外；

（2）衔接垂向道路：轨道影响区内垂直于轨道线的横向道路中，应优先安排一般通过性或集散性交通功能，为各种车辆提供安全、顺畅的衔接通道；

（3）公交复合走廊：优化轨道沿线地面公交系统，应根据需要适当保留平行于轨道线的公交线路，以满足不同距离、不同速度的客流需求；

（4）提高支路网连通性：轨道影响区内支路网密度原则上应达到$6\sim8km/km^2$以上（图17-4）。

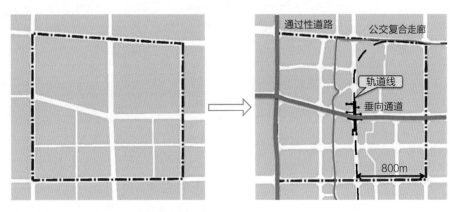

图17-4　结合轨道建设完善轨道影响区之路网系统

2）交通换乘设施衔接规划引导

根据住建部《城市轨道沿线地区规划设计导则》，轨道影响区内换乘设施规划应符合以下原则和规定：

（1）换乘设施用地应靠近轨道站点布置，轨道交通换乘优先次序：

步行>自行车>地面公交>出租汽车>小汽车

（2）各类设施与轨道站点出入口距离应符合以下要求：

①自行车停车场与站点出入口的步行距离宜控制在50m以内；

②公交换乘场站与站点出入口的步行距离宜控制在150m以内；

③出租汽车上下客区与站点出入口的步行距离宜控制在150m以内；

④小汽车停车场与轨道站点出入口的步行距离宜控制在200m以内。

具体规划引导建设详见《导则》。

路外换乘设施配置准则（住建部）　　　　　表17-3

枢纽类型		对外交通枢纽	城市综合枢纽	片区交通枢纽	一般交通枢纽
换乘设施类型	公交换乘场站	4	4	4	4
	小汽车停车场	4	3	2	2
	出租车停车场	4	3	2	1
	自行车停车场	3	3	4	4

注：①"4"表示一般应配置；"3"表示可选择配置；"2"表示一般无需配置；"1"表示一般不应配置。
　　②小汽车停车场应注重（P+R）模式，原则上宜在城市中心区外围设置。

针对住建部《城市轨道沿线地区规划设计导则》中换乘设施配置准则（表17-3），根据珠海枢纽的实况及TOD的理念，对珠海西部中心城区枢纽站换乘设施配置准则进行了调整，使之更加优化，见表17-4。

路外换乘设施配置准则（调整后）　　　　　表17-4

枢纽类型		对外交通枢纽	城市综合枢纽	片区交通枢纽	有轨电车枢纽
换乘设施类型	公交换乘场站	4	4	4	4
	小汽车停车场	4	2	2	2
	小汽车上下客区	4	4	4	4
	出租车站	4	4	4	4
	自行车停车场	3	4	4	4

注："4"表示一般应配置；"3"表示可选择配置；"2"表示一般无需配置；"1"表示一般不应配置。

3）无缝衔接的理念

（1）多种交通方式空间无缝衔接：空间无缝衔接是指换乘乘客可通过明确的换乘指引完成换乘。换乘通道清晰、顺畅，没有物理隔离或缺乏换乘标志的情况。空间无缝衔接是对换乘的基本要求。

（2）多种交通方式时间无缝衔接：将常规公交与轨道交通运行时间紧密结合，开展公交延时服务，确保客流集中站点乘坐地铁末班车的乘客出站后可以换乘常规公交。

（3）多种交通方式零距离换乘：零距离换乘是指轨道交通站点与自行车停靠点、公共停车场、对外交通站点、常规公交站点等多种交通方式步行换乘距离不超过70m。

3. 步行衔接系统规划设计

慢行环境的建设对于打造绿色城市、缓解道路交通拥堵起着举足轻重的作用。慢行环境建设体现在两个方面：第一，保障行人的正常路权，减少行人与机动车冲突。如设置行人与机动车的隔离带、施画清晰的人行道标志标线、设立行人专用通道过街等。第二，提高大尺度区域的慢行可达性。对于人流集中、要素密集的轨道交通站点，着力打造舒适性高、可达性强的区域性综合慢行系统，降低人群慢行出行的成本，提高慢行出行的预期，提高区域内慢行方式的分担率。

由此，区域型慢行系统的营建需要同时倚借强大的轨道交通动脉输送能力以及充足的土地储备，以在满足足够需求的同时，改造和新建慢行系统设施。

应通过规划建设高密度、连续性的步行系统，整合周边商业服务业设施及绿地广场等，满足24小时开放使用的需求，促进轨道交通便捷集散，拓展轨道站点的服务范围，提升城市公共空间品质。

（1）轨道影响区步行路网密度宜为机动车路网密度的2倍；

（2）独立设置的步行道路人行空间宽度一般应大于3m；

（3）在商业商务中心地区，鼓励通过立体过街设施，形成人车分行的步行区域；

（4）在步行区域内合并、减少各用地单元的机动车出入口；

（5）鼓励规划绿道系统衔接居住小区级公建、中小学用地、商业设施和公园绿地，形成环境优先的步行区域。

各类枢纽的步行系统（包括有盖廊道、地下通道、二层连廊）的规划引导系统，详见《导则》（图17-5）。

4. 站点层面开发规划设计

地铁沿线的站点设置和建设的同时，注重公共交通用地的综合开发和立体开发，形成地铁上盖物业与地铁周边沿线的地产开发、住宅小区的衔接模式。

注：蓝线表示连通的步行、自行车道，黄线表示机动车道　　　设置地下通道穿越道路，结合地下商业开发服务相邻街区

图17-5　设置地下通道穿越道路结合地下商业开发服务相邻街区

1）出入口设置

（1）应将轨道站点出入口的设计范围扩展到整个站点核心区，甚至扩展到站点影响区（根据需求来定）。

（2）枢纽站点应尽量增加出入口数量，实现与周边道路、建筑和公共空间的一体化衔接（出入口密度）。

（3）枢纽站点出入口最小宽度不应少于2.5m，并应设置醒目、统一的轨道标志（结合周边建筑功能、交通通道等人流量大的地方）。

（4）地下出入口通道长度超过100m时，应采取必要的消防疏散措施，有条件时宜设置自动人行道。

（5）枢纽站点出入口兼作人行过街地道时，其通道及站厅相应部位的宽度设计应同时考虑过街客流量，且应设置轨道夜间停运后所需的隔离设施。

（6）枢纽站点出入口应优先保障与地面公交等交通设施的便捷换乘，设置连续步行通道和明显的交通导向标志。

（7）站点出入口应结合周边支路设置。站点核心区中每条支路都宜有出入口与其直接连接。

（8）枢纽站点出入口应与周边建筑紧密衔接（图17-6）。

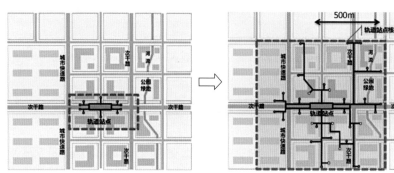

图17-6　站点出入口的设置

2）综合体开发

（1）站点及站点周边建设强度：轨道站点核心区及与轨道交通建设融资相关的潜力地块，其建设强度的确定应通过详细的投融资测算提出；轨道影响区内其余地块的建设强度应与《珠海西部中心城市区控制性详细规划》保持一致；片区整体建设强度应根据片区交通影响评价的结果进行校核。

各类站点的功能业态匹配度 表17-5

站点类型	业态类型与匹配度								
	交通	办公	商业	酒店	居住	文教	旅游	会展	市政
对外交通枢纽站	5	3	5	5	—	—	1	5	5
城市综合枢纽站	4	5	5	5	4	4	2	5	5
片区 交通枢纽站	4	4	5	3	5	3	2	—	4
一般交通枢纽站	3	2	3	1	5	3	—	—	2

注：数字表示匹配程度，1~5数字越大表示匹配度越高。

（2）分层控制：考虑到分层确定产权和办理规划手续的需要，轨道站点核心区的功能与业态布局应分层分区作出详细规定，充分考虑时序要求，以便对分层开发作出引导（表17-5、表17-6）。

以人行集散与换乘功能为主的公共空间应结合站点发展需要，贯穿设置于地面层、地下一、二层，以及地上二层，并应采用无障碍设计标准，设置一体化的垂直交通系统（图17-7）。

不同业态类型空间与设置 表17-6

业态类型	空间	设置
交通	与轨道接驳的交通换乘场站	地面层、地下一层 或地下二层
	停车设施	地下二层或以下
商业	结合公共设施、地下空间及换乘空间	地下二层至地上四层
办公及酒店	办公场所或酒店等要求相对静谧的场所	地上三层及以上
文教	社区服务的文化娱乐设施、体育设施、教育设施及与之配套的开放空间	地下二层至地上四层
其他	中小学、养老设施及与之配套的开放空间	地面层至地上三层

注：轨道交通设施或综合体可设置统一盖板层作为人工地面和避难层，其耐火等级应按不小于4h设计，同时应设室外消防车道直接与地面相连；鼓励结合轨道站点及周边功能，安排商业服务设施。

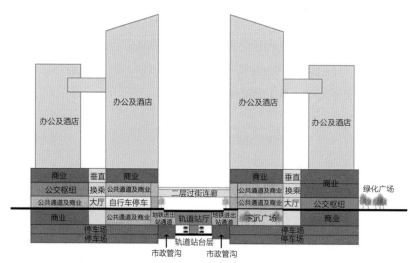

图17-7　站点核心区功能竖向分层示意图

第四节　综合交通枢纽TOD开发模式及工作流程

1．TOD开发主要影响因素分析

轨道交通站点及其周边用地一体化开发的主要影响因素有以下几个方面。

1）土地制度

轨道交通站点周边用地的开发和发展是土地开发利益的集中体现，土地政策对其至关重要。在宏观调控中，政府可动用的土地管理方面的政策工具主要有土地供应计划、土地利用规划、土地用途管制、土地价格、土地税收等。

2）地下空间的产权问题

轨道交通站点与周边用地一体化开发的一个重要方面，就是集约利用土地、站点地下、地面、空间的综合开发。然而，目前中国关于地下空间利用方面的专门立法尚属空白，仅存在相关的单行法及一些地方性法规。这些立法仍明显滞后于地下空间开发利用的发展实践。

3）吸引民营资本投入

在战略层面分析建议政府有关部门从可持续发展出发，对开发、利用地下空间制定相应的优惠和鼓励措施，包括用地政策、产权登记政策和税收政策等，制定相关吸引政策引导民间资本对城市轨道交通站点周边的地下空间进行商业开发，减少一体化开发过程中由于资金匮乏而引起的建设不同步、设计不一体、运行不协调等相关问题。

4）促进一体化开发的政策保障

轨道交通站点及其周边用地一体化开发必须有强有力的政策保障才能实现。城市轨道交通与周边用地的一体化开发应做到"抓住源头，协调规划；把握过程，协调建设；强化机制，协调管理"。

从轨道交通站点的规划、设计到土地的开发，都需要有一套完整的政策法规体系进行保障：

（1）在规划程序上，政府应该严格把关，对不能实现全面协调、不同时提交城市总体规划和城市交通规划的报批规划方案不予批准；

（2）在规划方案获得批准之后，应使其有严格的法律效应，对于规划的轨道交通用地应给予严格控制，对方案的建设过程政府也应同步管控；

（3）政府有关部门需要制定和完善相关技术标准和规范，建立安全性和环境影响评价体系，建立统一协调的管理机制，保障一体化开发的顺利实施。

2. 国外TOD开发模式及流程分析

新加坡TOD开发模式及流程分析在第一篇第四章中已有详细论述，在此不再赘述。

1）日本

市场主导模式下的交通系统与土地使用一体化开发是以开发商为主体，开发商负责一体化的规划设计、投融资、施工建设，最后获取开发收益，而政府不参与具体的开发建设，只负责制定开发标准以及一体化的监督工作。

以日本为例，在土地开发商取得轨道交通站点周边地块的土地所有权或使用权后，开发商必须根据政府公开的待开发地区土地性质、容积率、开发高度限制等各项区域开发标准，制定待开发地块的开发方案，然后交由区级政府判断是否需要开发许可，在确定需要许可证后征得其他相关机构的同意，最后开发商提交开发许可申请书，政府办发开发许可证，具体流程如图17-8所示。

日本铁路所有线路均由各私有铁路公司独立经营，各铁路公司以铁路经营为基础，并通过房地产投资等其他方式提高自身盈利能力。

2）香港

香港市场化主导模式下的一体化开发与日本有所不同，香港地铁建设的审批程序如下所示：

（1）香港地铁公司进行评估及客流预测。

（2）政府安排香港地铁公司对地铁线进行建设、融资和运营，以总承包的方式批给地铁公司在车站上部及其邻近范围进行物业开发的权利。

（3）与政府规划部门协商确定车站物业开发的主要内容和设计方案后，香港地

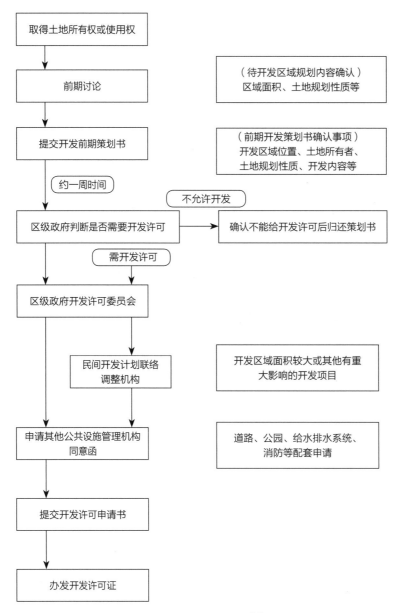

图17-8　日本市场化主导模式下的一体化开发流程[1]

铁公司将总体布局规划提交到城市规划委员会审批。

（4）获批后，香港地铁公司与政府土地部门商讨补地价及获取批地，同时招标符合资格的发展商并签订发展合同，由发展商对整个项目全资建设。

（5）项目竣工时，以协商中商定的比例分配利润。

香港的这种模式可同时发挥政府和企业的优势，并基本兼顾规划统筹和投资吸引的要求，既解决了轨道交通建设的融资问题，也有利于促进交通系统与土地一体化的协调发展（表17-7、表17-8）。

香港地铁建设不同阶段的主体、内容[1]　　　　　表17-7

阶段	地铁综合开发	操作主体	承担工作
前期规划阶段	地铁规划	香港地铁公司	制定总纲规划蓝图
	预测收益	香港地铁公司	预测客流及物业收益
	取得土地	香港政府、香港地铁公司	对土地及物业进行规划
	审批蓝图、取得蓝线	香港政府、香港地铁公司	审批蓝图、取得蓝线
物业发展阶段	制定发展计划	香港地铁公司	根据市场情况，制定计划
	公开招标	香港地铁公司、开发商	根据规划建设指标、利润分成等方面公开招标确定开发商
	物业开发	开发商	物业详细规划、设计、策划、建设
物业经营阶段	物业利润分成、移交	开发商、香港地铁公司	物业销售、利润分成、物业移交
	物业经营、管理	香港地铁公司	持有物业良好经营、高效物业管理

香港地铁建设利益分配[1]　　　　　表17-8

利益体	角色	获得权益	承担责任
香港地铁公司	经营土地主体	1. 客流带来的票务收益 2. 商场等经营性物业出租收益 3. 物业管理收益 4. 物业开发收益分成（包括房产开发的利润和土地增值的收益）	1. 沿线物业规划 2. 量化预测客流及物业收益 3. 根据市场情况，制定计划 4. 公开招标开发商 5. 持有物业良好经营、高效物业管理
香港政府	土地出让方	1. 地价收入（地铁建设前的土地价值） 2. 财政压力的缓解 3. 开发的经营物业作为"税源"带来的收益 4. 轨道交通网络形成带来经济、社会、生态效益	1. 地铁新线建设规划 2. 审批蓝图，并出让土地给香港地铁公司
开发商	物业投资、建设方	1. 地铁开发相对较低风险，带来的机会收益 2. 项目融资，转投其他项目开发收益 3. 物业开发收益分成（包括房产开发的利润和土地增值的收益）	1. 提出招标书申请、取得开发权 2. 物业详细规划、设计、策划、建设 3. 物业销售、利润分成、物业移交

3. 珠海西部中心城区的TOD开发模式及流程

政府主导、市场化开发模式是比较适合中国国情的一种开发模式。政府主导、市场化开发模式下的一体化是将轨道交通站点与周边影响范围内的土地作为一个整体，一体化规划设计，政府在规划建设中处于主导地位。这种模式规划执行度较高，可以最大化保证公共利益，为居民提供一种在区域内以步行和自行车为主，区域间以公共交通为主的出行方式，实现站点周围高强度开发、混合土地使用、步行与自行车系统连续安全温馨、绿化美化充分、公共设施完善、公共空间适度，但需要政府投入大量资金作为保障。

轨道交通站点与周边土地一体化开发实为轨道交通站点上盖物业、站点周边土地以及地下空间的联合开发。图17-9所示是政府主导、市场化开发模式下的一体化开发流程。首先要确定一体化开发的用地范围，然后政府按照站点或线路进行一体化招标确定开发单位，然后编制可行性研究报告，并要经过政府组织的有关部门的会审，然后上报上级有关部门批准，之后开发单位进行详细规划设计及确定开发模式，要经过专家论证和相关部门批准后才能实施开发，确定运营管理模式，最后进行后评估及政策调整。

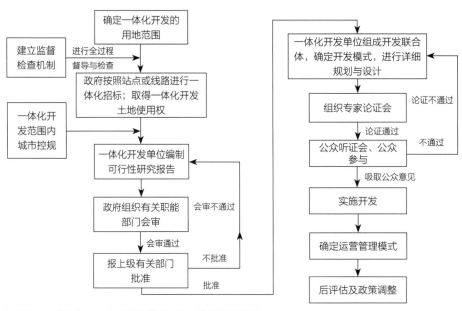

图17-9   政府主导、市场开发模式下的一体化开发流程

第五节   综合交通枢纽TOD实施主体及机制

1. 实施主体

完善顶层设计，建立多部门TOD协调机制：TOD的规划发展需要城市的多个部门协调合作，所以建立多部门TOD协调机制是推动TOD模式落地实施的关键。

（1）规划层面，其主要职责包括参与规划的征求意见和审批，将TOD理念在法定规划中予以体现；轨道交通相关的专项规划中增强法定规划对TOD地区的控制和引导。

（2）TOD落地实施层面，负责制定TOD相关的技术指南、实施细则等技术和管理规章，明确管理依据、各参与实体职责及各阶段工作内容；负责指导实施车站地区的联合开发活动，制定联合开发实施办法。借助西部中心城区建设发展的契机，在西部中心城区，打造"轨道+公交+社区"TOD模式示范区。

2. 实施机制

借鉴新加坡模式，成立多部门共同参与的城市TOD发展协调机制，开展定时例会，反映各部门的需求共同协商制定TOD的规划方案，统一推进珠海西部中心城区TOD模式的发展（图17-10）。

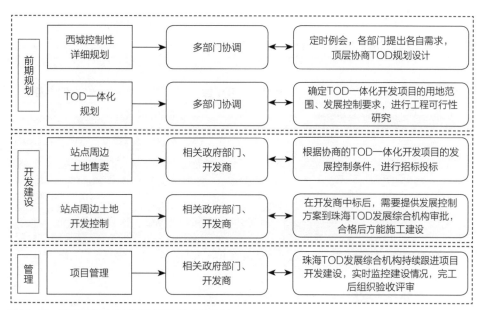

图17-10　珠海西部中心城区TOD开发实施机制

1）前期规划

针对TOD交通一体化规划发展，控详规层面组织多部门同时协商，高层随时沟通，确定出轨道沿线的各个地块的用地性质和容积率以及相应的项目发展控制要求，并进行工程可行性研究。

2）开发建设

对TOD项目进行招标投标，同时附加上前期规划中协商的TOD项目的发展控制要求等限制性条件（地铁出入口设置与衔接、地下通道的规划等，实现交通一体化无缝衔接）；一旦开发商投标后，需要提供一体化的开发方案及发展控制方案到政府相关部门审批或召开专家论证会，审批合格后方能施工建设。

3）项目管理

在开发商开发项目的过程中，政府相关单位持续跟进建设与设计方案是否有偏差，尤其是公共服务性质的建设。实时监控项目建设，完工后组织验收评审，评估方案的实施效果。

第六节　综合交通枢纽TOD方案规划实施案例

1. 总体介绍

枢纽概述

西部中心城区内规划了轨道交通1号线、2号线、4号线、5号线、6号线、7号线及有轨电车线。枢纽类型及个数如表17-9所示。

枢纽类型及个数　　　　　　　　　　　　　表17-9

枢纽类型	枢纽个数	具体枢纽名称代号
对外交通枢纽	3	金湾枢纽（A1）、珠斗—广佛江珠城际交汇枢纽（A2）、斗门枢纽（A3）
城市综合枢纽	4	三江六岸B1枢纽、金湾B2枢纽、金湾B3枢纽、井岸B4枢纽
片区交通枢纽	10	红旗C2枢纽、C1枢纽、C3枢纽、C4枢纽、C5枢纽、C6枢纽、C7枢纽、C8枢纽、C9枢纽、C10枢纽
一般交通枢纽	23	红旗D2枢纽、D1枢纽、D3枢纽、D4枢纽、D5枢纽、D6枢纽、D7枢纽、D8～D23枢纽

2. 对外交通枢纽——金湾枢纽TOD方案

金湾枢纽既承担着西部中心城区对外的交通功能，同时又是金湾片区的内部交通换乘中心，未来客流量十分大。若是以小汽车为主体的出行方式，将带来难以满足的道路使用需求。在金湾站及周边区域适时引入TOD模式，可以极大地缓解和疏导区域道路交通压力，引导城市区域的良性发展。金湾站的TOD模式设计方案按照如下四项设计原则展开：①推动各交通方式间（对外—市内、市内—市内）便捷换乘；②倡导公交优先，提高公交设施的便利性、舒适性及可靠性；③构建舒适的步行环境，使得轨道交通站点到周边主要设施步行可达；④合理高效综合开发站点周边土地，在获得一定社会效益、回报的同时，提升轨道交通的使用率。

1）金湾枢纽周边土地规划及容积率控制

根据A、B片区控制性详细规划及西部中心城区总规的土地利用性质规划，可见在金湾站周边500m半径范围、800m半径范围的土地利用情况、容积率控制情况（图中红色括号内数字即为各地块的容积率）。如图17-11所示。

金湾站的北面、东面、南面全都是二类居住用地，西面是中等职业学校用地，同时周边分散着绿地及公园用地。

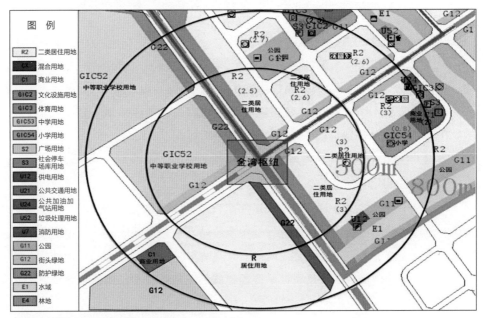

注：图中各地块上红色括号内数字即为容积率。

图17-11　金湾枢纽（A1）周边用地规划及容积率控制图

（1）用地规划

根据图17-12可知，金湾站周边500m范围内，居住用地性质高达53.6%，绿地占据了26.6%，剩余则是政府社团用地；半径800m范围内，虽然用地性质更加多元化，但居住用地仍然最高（45.6%），绿地和政府社团用地都在20%的份额左右，其余性质用地非常少。

金湾枢纽站暂时未预留交通设施用地，同时周边以居住用地为主，商业用地基本没有。所以，有必要建议对金湾枢纽周边的土地利用性质进行调整，使之更加符合区域枢纽周边用地形态，便于采用TOD模式一体化开发。

（2）容积率

根据图17-11，可以发现金湾站周边的居住用地的容积率基本都在2.5～3之间。现在的容积率方案开发强度适中，但是居住用地的容积率控制应该更有层次

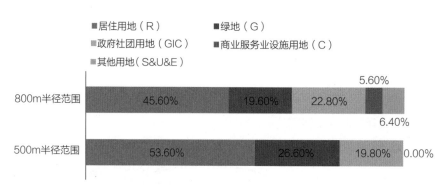

图17-12 金湾枢纽（A1）周边用地性质份额图

性，随着离站点距离越远越低。这样能更好地使用枢纽周边资源。

在调整之后的用地方案中，建议适当调高一点容积率指标，商业用地的容积率尽量在4以上，居住用地容积率可保持原状或略微提高。

2）金湾枢纽土地利用功能布局及交通衔接方案

（1）用地性质调整

在控规中金湾站周边的用地性质很难作TOD一体化开发，小范围、适度地调整了一下金湾站周边的用地性质。控规中金湾站西侧是中等职业学校用地及居住用地，所以保留了西侧用地性质，调整了金湾站东侧500m范围内的用地性质。首先，在居住用地中保证了场站及换乘交通设施的用地；其次，调整了两个二类居民用地为商业用地性质；最后，建议周边500m的两个二类居住用地变更为商住混合区。

调整之后的金湾站周边用地，保留西侧的中职学校用地，基本以向东侧综合一体化发展为主（图17-13）。

根据珠海的市镇细胞密度分布图，可以估算金湾枢纽A1所在功能区D3的人口密度大致是13500人/km²（面积10.78km²，人口14.5万人）。再进一步地给金湾枢纽周边土地地块标记划分，如图17-15所示。可以初步估算出各地块的容积率。如表17-10所示。

整体而言，枢纽周边容积率并未有过多的提升，还是建议能进一步上调一点。居住区的容积率有层次性的变化，商业用地容积率略微提高。

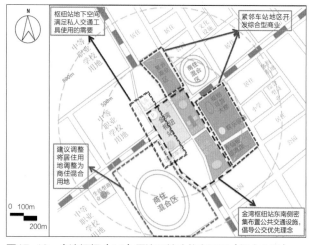

图17-13 金湾枢纽（A1）周边用地功能布局图（概念方案）

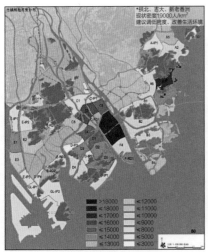

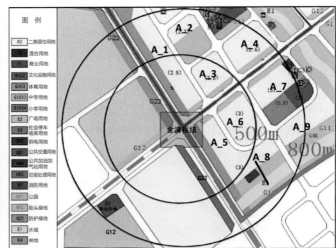

图17-14　珠海城镇细胞密度分布图　　　　图17-15　金湾枢纽A1周边用地编号示意图

金湾枢纽（A1）周边用地容积率控制　　　　　表17-10

地块编号	用地代码	用地性质	基准容积率	调整系数	面积（hm²）	容积率
A_1	R2	二类居住用地	1.5~2.5	A1=1.3 A2=0.9	7.4	1.8~2.9
A_2	R2	二类居住用地	1.5~2.5	A1=1.0 A2=1.0	1.8	1.5~2.5
A_3	R2	二类居住用地	1.5~2.5	A1=1.1 A2=1.0	3.6	1.5~2.5
A_4	R2	二类居住用地	1.5~2.5	A1=1.0 A2=1.0	5.1	1.5~2.5
A_5	R2	二类居住用地	1.5~2.5	A1=1.1 A2=1.0	3.5	1.65~2.75
A_6	R2	二类居住用地	1.5~2.5	A1=1.1 A2=1.0	5.2	1.7~2.8
A_7	R2+C1+GIC52	混合用地	R2：1.5~2.5 C1：2.0~2.5 G：0.5~0.8	R2所占比例49.4% C1所占比例23.5% GIC52所占比例27.1%	8.5	1.3~1.9
A_8	R2	二类居住用地	1.0~1.5	A1=1.0 A2=1.0	3.4	1.0~1.5
A_9	R2	二类居住用地	1.0~1.5	A1=1.0 A2=1.0	4.9	1.0~1.5

（2）用地功能布局

①在金湾站东南侧200m内密切衔接公共交通设施，满足短距离交通换乘的需要，倡导公交优先；

②在金湾站地下空间衔接小汽车停车场及出租车场，满足部分人使用私人交通工具的需求；

③在金湾站东侧及北侧核心区范围内开发综合型商业，布局商业、娱乐、休闲等功能，注重用地混合开发，增加活力与吸引力；

④将金湾站核心区的两处居住用地调整为商住混合区，提高复合利用率，同时增强周边功能，形成高效开发。

（3）交通衔接方案

①公共交通衔接

在金湾站东广场150m范围内衔接公交换乘站、地铁站，满足市内外交通的转换。同时，在300m范围衔接长途客运站，满足对外交通的衔接。

②小汽车停车场及出租车站

在金湾站地下范围衔接小汽车停车场，满足私人交通工具使用的需求，同时在较近距离建设出租车停靠站及排队蓄车位。提供良好的地下步行环境衔接至车站内部，同时提供立体换乘衔接至各交通方式，如图17-16所示。

换乘交通设施的规划建设规格如表17-11所示，详见《导则》。

对外交通枢纽换乘设施规格引导参考（部分）　　　表17-11

换乘设施类型	设施布置关键控制指标参考值	设施场地规模参考值
公交换乘场站	一般不少于10个发车通道	公交换乘场站规模一般在1万～1.5万m²
出租汽车	上下客区原则上分离，下客位需根据实际情况确定，上客位一般不少于6个，排队蓄车位一般宜为100个	出租汽车上客及排队蓄车场地规模一般宜为4000m²
小汽车停车场	小汽车配建停车场，车位一般不多于350个	小汽车配建停车场规模一般不多于1.5万m²，并结合交通需求管理政策确定

③立体换乘系统

在金湾站建设立体换乘系统，方便旅客换乘，实现交通减量。注意换乘中庭的设计，处理好各客流流线的关系，避免冲突，同时增加自然采光提升换乘环境。如图17-16所示。

④对外交通组织

金湾站综合交通枢纽交通流量大，有必要优化对外交通组织，净化内部交通，实现城际轨道站和地铁站的同步建设和预留。金湾枢纽站各种交通场站及出入口布局与城市道路交通充分协调，实现高效、有序的交通组织运作，在概念方案基础上，提出枢纽用地布局的比选方案，主要规划要点：以人为本，人车分流。

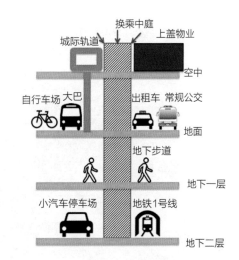

图17-16 金湾站立体换乘设计示意图

a. 公路客运在机场北路二分路中间，引导公路客运通过机场北路、珠海大道和广佛江珠城际等高快速路进出，减少对城市交通的影响。

b. 公交枢纽分别位于广场的南北两侧，空调候客区与上盖物业一体化建设，并临近广场，便于行人乘坐和换乘。

c. 出租车设置于广场西侧，与轨道、城际、公交无缝换乘。

d. 金湖大道以二分路形式建设，增加与机场北路平行辅助路，方便公交枢纽和出租车进出。

e. 设置空中连廊、地下走廊以及垂直换乘空间连接城际候客区、地铁、广场以及商场等建筑。

比选方案对外交通组织图如图17-17、图17-18所示。

3）步行衔接系统

金湾站空间尺度大，对外、市内交通方式繁杂。地面步行通道步行环境受天气影响较大，东西跨越铁路车站绕行距离远，车站地区人流量大、行人过街冲突明显，仅靠地面步行通道难以提供以金湾站为核心的舒适步行可达环境。在合理配置公交设施的基础之上，在金湾站区域建设东西、南北两大方向的地下步行通道，以改善步行环境，连通周边建筑，提升可达性达到一体化。如图17-19所示。

（1）地下步行通道

金湾站周边地区地下分三层，地面层为对外交通设施，地下一层为步行走廊，地下二层为地铁1号线、小汽车停车场及出租车上客区，地下三层为地铁6号线。地下走廊规划如图17-20所示，地下走廊中配置代步电梯和适度商业设施，并于两大走廊交汇处设置大型地下"行人岛"，提供舒适慢行环境。

①东西步行走廊

西起枢纽西侧中职学校，东至东广场东侧高密度商务设施中部，全长800m左

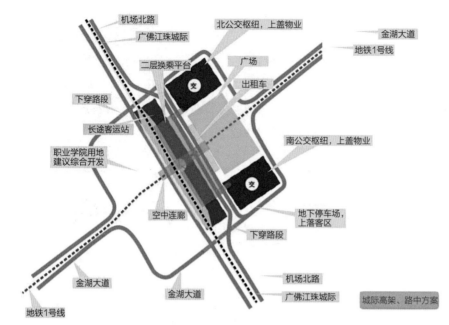

图17-17　金湾枢纽交通设施布局示意图（比选方案）

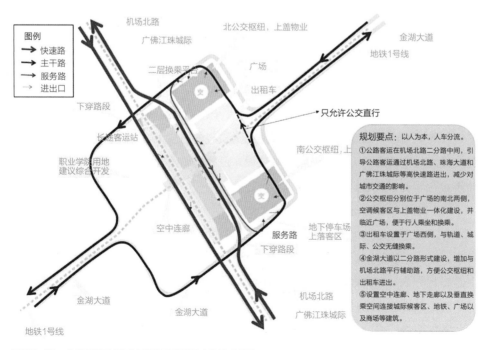

规划要点：以人为本，人车分流。
①公路客运在机场北路二分路中间，引导公路客运通过机场北路、珠海大道和广佛江珠城际等高快速路进出，减少对城市交通的影响。
②公交枢纽分别位于广场的南北两侧，空调候客区与上盖物业一体化建设，并临近广场，便于行人乘坐和换乘。
③出租车设置于广场西侧，与轨道、城际、公交无缝换乘。
④金湖大道以二分路形式建设，增加与机场北路平行辅助路，方便公交枢纽和出租车进出。
⑤设置空中连廊、地下走廊以及垂直换乘空间连接城际候客区、地铁、广场以及商场等建筑。

图17-18　金湾枢纽对外交通组织示意图（比选方案）

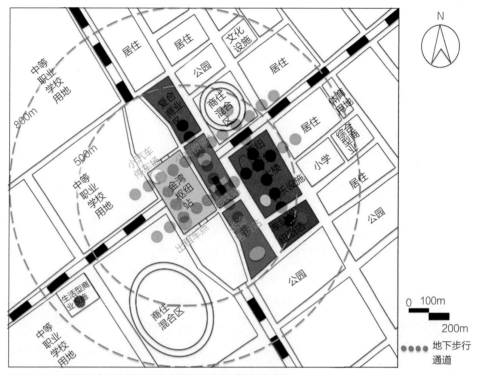

图17-19　金湾站（A1）的地下步行系统规划图（概念方案）

右；东西走廊贯穿铁路金湾站、地铁1号线、6号线金湾站、东广场公交换乘车站、车站枢纽百货大楼等主要商务设施。见图17-20。

②南北走廊

北至复合商业区，南至长途客运站及枢纽酒店设施处，全长800m左右。南北走廊贯穿了主要的交通服务设施，减少了地面的人车流冲突。

（2）地面有盖廊道

金湾站步行系统以地下走廊为主，地面为辅。主要由于地面交通太混杂，过街交通冲突太多。可适当建设有盖廊道主要衔接至各交通换乘设施及周边400m范围建筑物内，避免受到天气的影响，提供良好的地面步行环境。详细规划建设指标参见《导则》。

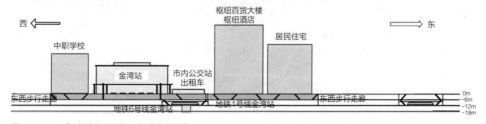

图17-20　金湾站东西地下走廊剖面图

4）站点开发及上盖物业

金湾站站内在完成综合交通功能的前提下，可适度提供小面积的餐饮、休闲、购物及超市等配套商业，满足旅客的相关需求。

3. 城市综合枢纽

1）金湾B3枢纽TOD方案

金湾B3枢纽既承担着西部中心城区的综合及交通服务功能，又是金湾片区的核心客流中心。金湾B3枢纽的TOD模式设计方案主要是按以人为本、便捷换乘、合理高效综合开发站点周边土地来进行考虑。

（1）B3枢纽周边土地规划及容积率控制

根据A、B片区控制性详细规划及西部中心城区总规的土地利用性质规划，可见在B3枢纽站周边500m半径范围、800m半径范围的土地利用情况和容积率控制情况（图中红色括号内数字即为各地块的容积率）。如图17-21所示。

①用地规划

根据图17-21，整体来看，B3站东侧几乎全分布着商业混合用地，西侧和北侧

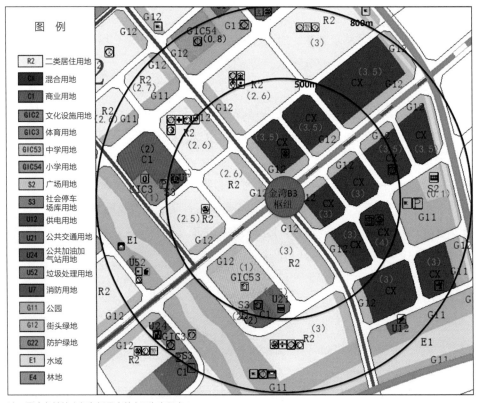

注：图中各地块上红色括号内数字即为容积率。

图17-21　B3枢纽周边用地规划及容积率控制图

部分以居住用地为主，同时配套一些教育设施、文体设施及开放空间用地。

在B3站周边500m范围内，商业用地几乎占了一半的比例，同时居住用地占据四成，剩下为中学教育用地、公共交通用地等。在半径800m范围内，用地性质更加多元化，站点东侧的商业混合用地比例仍然很高，站点西侧以居住用地为主，同时配套相关用地。同时，增加绿地、公园和水域用地，提升了宜居环境。

②容积率调整

根据图17-21，可以发现B3站周边的居住用地的容积率基本都在2.5～3之间，现在的容积率方案开发强度适中，但是居住用地的容积率控制应该更有层次性，随着离站点距离越远越低。这样能更好地使用枢纽周边资源。

商业混合用地的容积率控制在3～4之间，集中在3、3.5，应根据离站点距离的远近适当调高一点商业用地的容积率指标，商业用地的容积率尽量在4以上。

根据珠海的市镇细胞密度分布图，可以估算金湾B3枢纽所在功能区D1的人口密度大致是14500人/km²（面积13.08km²，人口19.0万人）。再进一步地给金湾B3枢纽周边土地地块标记编号，如图17-22所示。进而可以初步估算出各地块的容积率，如表17-12所示。

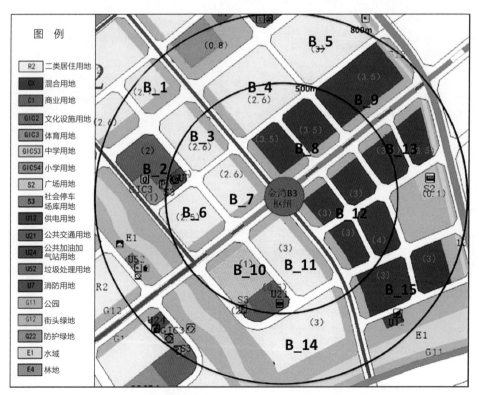

图17-22　金湾B3枢纽周边用地编号示意图

整体而言，单枢纽周边容积率并未有过多的提升，还是建议能进一步上调一点。居住区的容积率有层次性的变化，商业用地容积率略微提高，更建议枢纽周边用地的容积率都是表17-12中容积率范围的上限数值。

金湾B3枢纽周边用地容积率控制 表17-12

地块编号	用地代码	用地性质	基准容积率	调整系数	面积（hm²）	容积率
B_1	R2	二类居住用地	1.5～2.5	A1=1.0 A2=1.0	1.7	1.5～2.5
B_2	C1	商业用地	1.5～2.0	A1=1.0	2.8	1.5～2.0
B_3	R2	二类居住用地	1.5～2.5	A1=1.1 A2=1.0	3.4	1.65～2.75
B_4	R2	二类居住用地	1.5～2.5	A1=1.0 A2=1.0	6.8	1.5～2.5
B_5	R2	二类居住用地	1.5～2.5	A1=1.0 A2=0.9	8.0	1.4～2.3
B_6	R2	二类居住用地	1.5～2.5	A1=1.1 A2=1.0	3.3	1.65～2.75
B_7	R2	二类居住用地	1.5～2.5	A1=1.2 A2=1.0	2.6	1.8～3.0
B_8	CX	混合用地	2.5～3.5	A1=1.2	4.6	3.0～4.2
B_9	CX	混合用地	2.5～3.5	A1=1.0	5.8	2.5～3.5
B_10	GIC53、C1	混合用地	GI53：1.0～1.5 C1：1.5～2.0	GIC53所占比例为59% C1所占比例为41%	3.9	1.2～1.7
B_11	R2	二类居住用地	1.0～1.5	A1=1.2 A2=1.0	4.3	1.2～1.8
B_12	CX	混合用地	2.5～3.5	A1=1.1 A2=1.0	7.4	2.8～3.9
B_13	CX	混合用地	2.5～3.5	A1=1.2	4.1	3.0～4.2
B_14	R2	二类居住用地	1.0～1.5	A1=1.0 A2=1.0	6.2	1.0～1.5
B_15	CX	混合用地	2.5～3.5	A1=1.0	5.6	2.5～3.5

（2）B3枢纽土地利用功能布局及交通衔接方案

①用地功能布局

如图17-23所示。

a. 在B3站南北侧150m范围内密切衔接公共汽车、自行车，满足短距离交通换乘的需要，倡导公交优先。

b. 在B3站南北侧150m范围内衔接出租车场，满足部分人使用私人交通工具的需求。

c. 在B3站东侧核心区及影响区范围内开发综合型商业片区，布局商业休闲、文化娱乐、会议会展等功能，注重用地混合开发，增加活力与吸引力。同时，商业用地过于集中，注意有区分度地进行商业开发，注意混合用地，商业结合办公、商务，多功能发展，形成地标性建筑。

d. 居住区应层次分明，开发强度随距站点距离递减，满足不同民众需求。根据住宅区周边环境的不同，在枢纽影响区范围内，同时滨水、被公园环绕，建议开发精品住宅小区，控制开发强度，打造宜居示范项目。

e. 建设生活性配套，满足居民区的生活配套类需求，配置生活性中型商业中心、服务中心及相关体育文教设施等。

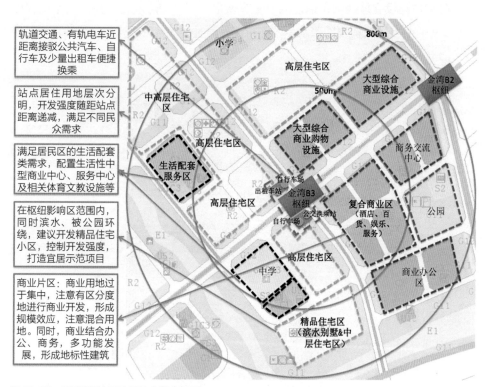

图17-23 B3枢纽站周边用地功能布局图

②交通衔接方案

a. 公共交通衔接：在B3站东西侧150m范围内衔接公交换乘站，满足近距离市内交通的换乘。

b. 建设自行车场及自行车租赁点，鼓励人们使用"轨道+自行车/步行"的出行模式，引导形成绿色出行。

c. 在较近距离建设出租车停靠站及车位，提供良好的步行环境衔接至车站。

换乘交通设施的规划建设规格如表17-13所示，详见《导则》。

城市综合枢纽换乘设施规格引导参考　　　　表17-13

换乘设施类型	设施布置关键控制指标参考值	设施场地规模参考值
公交换乘场站	一般不少于6个发车通道	公交换乘场站规模不少于6000m²
出租车站	出租汽车停车场如需要，一般在路外场地设1条港湾通道及回车道构成，通道应能停靠不少于5辆车	出租汽车站如需要，规模一般不少于500m²
自行车停车场	自行车停车场如需要，停车位宜分散布置，总数一般不少于500个	自行车停车场如需要，宜分散布置，总规模一般不少于1000m²

③立体换乘系统

在B3站建设立体换乘系统，方便旅客换乘，实现交通减量。注意换乘中庭的设计，处理好各客流流线的关系，避免冲突，同时增加自然采光提升换乘环境。如图17-24所示。

（3）步行衔接系统

①地下步行通道

B3站商业片区过于集中，客流量极大，同时交通方式繁杂、地面步行通道步行环境受天气影响较大，所以拟在B3站影响区范围内建设多条地下步行通道，以改善步行环境，连通周边建筑，提升可达性，促进商务交流。如图17-25所示。

B3站周边地区地下分三层，地面层为有轨电车，地下一层为步行走廊，地下二层为地铁1号线，地下三层为地铁6号线。地下走廊规划如图17-25所示，地下走廊中配置代步电梯

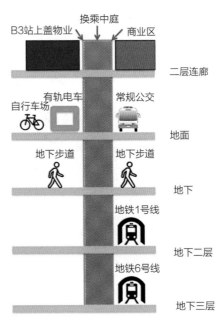

图17-24　B3枢纽站立体换乘示意图

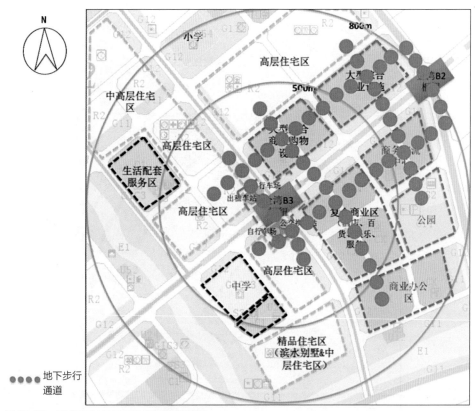

●●●● 地下步行通道

图17-25　B3枢纽站的地下步行系统规划图

和适度商业设施，并于走廊交汇处设置大型地下"行人岛"，提供舒适慢行环境。

地下步行系统首先连接至各交通换乘设施，再者连接商业片区、居住区，商业区之间相互畅通，促进商业区之间相互交流，减少冲突量。地下步行系统从B3站直接连接到800m范围的B2枢纽站，并且两站之间全是商业片区，共同吸引客流。

②地面有盖廊道

B3站风雨廊与紧邻建筑的有盖廊道实现无缝衔接，同时建设有盖廊道主要衔接至各交通换乘设施，方便行人穿行于各个枢纽与建筑之间，避免日晒雨淋，提升穿行的舒适性，提供良好的地面步行环境。详细规划建设指标参见《导则》。

③二层连廊

由于B3与B2站中间的商业片区非常集中，而且功能多样复合度极高，相互客流来往很大，所以在地下步行的基础之上考虑设计二层连廊，使得商业片区之间沟通无缝衔接，方便行人穿梭各大商业中心，实现人车分离的同时促进相互交流，提升效应。如图17-26所示。

（4）站点开发及上盖物业

B3站站内在完成综合交通功能的前提下，可适度提供小面积的超市、银行等

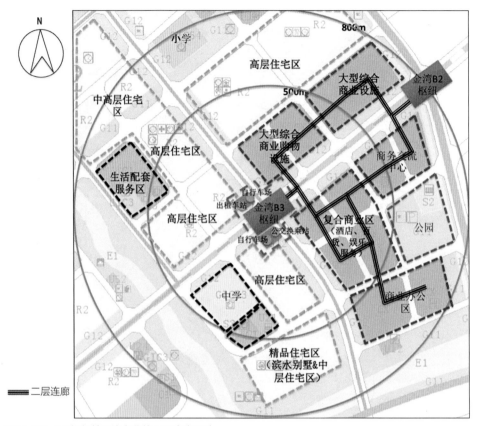

图17-26　B3枢纽站周边商业的二层连廊设计

配套商业。站点上部可开发商业综合体，与相邻的商业片区一起形成规模效应，形成地标性建筑与商圈。

2）金湾B2枢纽TOD方案

金湾B2枢纽既承担着西部中心城区的综合、交通服务功能，又是金湾片区的新镇中心、核心商务中心。金湾B2枢纽的TOD模式设计方案主要是按以人为本、便捷换乘、合理高效一体化开发站点周边土地来进行考虑。

（1）B2枢纽周边土地规划及容积率控制

根据A、B片区控制性详细规划及西部中心城区总规的土地利用性质规划，可见在B2枢纽站周边500m半径范围、800m半径范围的土地利用情况和容积率控制情况（图中红色括号内数字即为各地块的容积率）。如图17-27所示。

①用地规划

根据图17-27，整体来看，B2站西侧几乎全分布着商业混合用地，北侧部分全分布着高等院校用地，东侧以商务用地为主，同时分散着居住用地和配套的一些文体设施用地及开放空间用地。

在B2站周边500m范围内，商业用地占比基本接近60%，剩下多为高等院校用

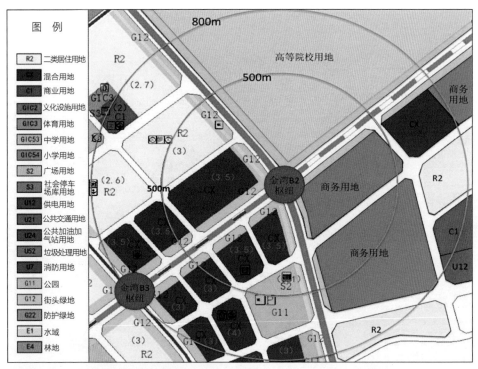

注：图中各地块上红色括号内数字即为容积率。

图17-27　B2枢纽周边用地规划及容积率控制图

地、绿地、居住用地等。在半径800m范围内，用地性质更加多元化，站点东西侧的商业用地及商务用地的比例仍然很高，站点西北侧以居住用地为主，同时配套相关生活设施用地，北侧依旧是大面积的高等院校用地。

②容积率

根据图17-27，可以发现B2站周边的居住用地的容积率基本都在2.6～3之间，现在的居住用地容积率方案开发强度适中。

商业混合用地的容积率控制在3～4之间，集中在3、3.5，应根据离站点距离的远近适当调高一点商业用地的容积率指标，商业用地的容积率尽量在4以上。

（2）B2枢纽土地利用功能布局及交通衔接方案

①用地功能布局

如图17-28所示。

a. 在B2站南北两侧150m范围内密切衔接公共汽车、自行车，满足短距离交通换乘的需要，倡导公交优先。

b. 在B2站南北侧150m范围内衔接出租车上下客站，满足部分人使用私人交通工具的需求。

c. 在B2站东西侧核心区及影响区范围内开发综合型商业片区，布局商业休

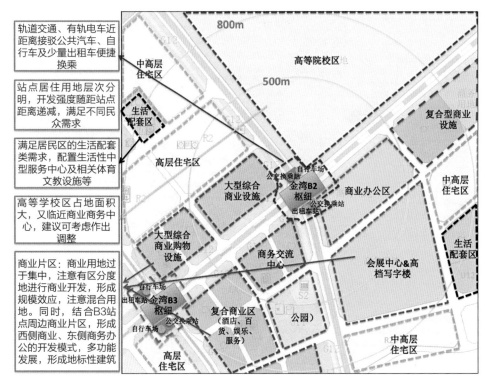

图17-28　B2枢纽站周边用地功能布局图

闲、文化娱乐、会议会展等功能，注重用地混合开发，增加活力与吸引力。同时，商业用地过于集中，注意有区分度地进行商业开发，注意混合用地，基本形成西侧商业休闲、东侧商务办公的发展模式，引导商业结合办公、商务、休闲文化、娱乐多功能发展，形成地标性建筑与CBD商圈。

d. 居住区应层次分明，开发强度随距站点距离递减，满足不同民众需求。

e. 建设生活性配套，满足居民区的生活配套类需求，配置生活性中型商业服务中心及相关体育文教设施等。

②交通衔接方案

a. 公共交通衔接：在B2站东西侧150m范围内衔接公交换乘站，满足近距离市内交通的换乘。

b. 建设自行车场及自行车租赁点，鼓励人们使用"轨道+自行车/步行"的出行模式，引导形成绿色出行。

c. 在较近距离建设出租车停靠站及车位，提供良好的步行环境衔接至车站。

换乘交通设施的规划建设规格如表17-14所示，详见《导则》。

城市综合枢纽换乘设施规格引导参考　　　　　表17-14

换乘设施类型	设施布置关键控制指标参考值	设施场地规模参考值
公交换乘场站	一般不少于6个发车通道	公交换乘场站规模不少于6000m²
出租车站	出租车站如需要，一般在路外场地设1条港湾通道及回车道构成，通道应能停靠不少于5辆车	出租车站如需要，规模一般不少于500m²
自行车停车场	自行车停车场如需要，停车位宜分散布置，总数一般不少于500个	自行车停车场如需要，宜分散布置，总规模一般不少于1000m²

　　d. 立体换乘系统：

　　在B2站建设立体换乘系统，方便旅客换乘，实现交通减量。同时，关注地下地铁、步道以外，注意衔接商区的停车场，达到无缝衔接。注意换乘中庭的设计，处理好各客流流线的关系，避免冲突，同时增加自然采光，提升换乘环境。如图17-29所示。

　　（3）步行衔接系统

　　①地下步行通道

　　B2站商业及商务片区过于集中，客流量极大，同时交通方式繁杂、地面步行通道步行环境受天气影响较大，所以拟在B2站影响区范围内建设多条地下步行通道，以改善步行环境，连通周边建筑，提升可达性，促进商业发展、商务交流。如图17-30所示。

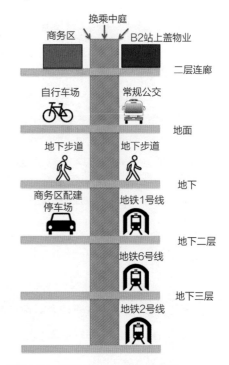

图17-29　B2枢纽站立体换乘示意图

　　B2站周边地区地下分四层，地面层为公交站，地下一层为步行走廊，地下二层为地铁1号线，地下三层为地铁6号线，地下四层为地铁2号线。地下走廊中配置代步电梯和适度商业设施，并于走廊交汇处设置大型地下"行人岛"，提供舒适慢行环境。

　　地下步行系统首先连接至各交通换乘设施，再者连接商业片区、商务办公区、居住区，商业商务区之间物理设施相互畅通，促进CBD商圈之间相互交流，减少冲突量。地下步行系统从B2站直接连接到800m范围的B3枢纽站，且两站之间全是商业区，大规模商业共同吸引客流。

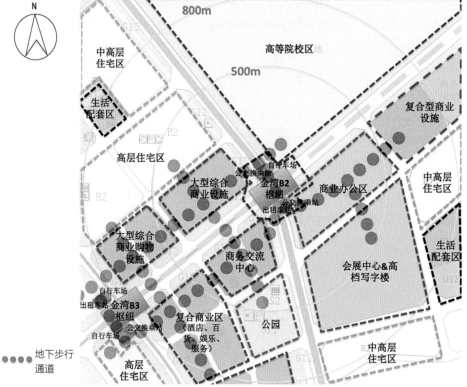

图17-30　B2枢纽站的地下步行系统规划图

②地面有盖廊道

B2站风雨廊与紧邻建筑的有盖廊道实现无缝衔接，同时建设有盖廊道主要衔接至各交通换乘设施，方便行人穿行于各个枢纽与建筑之间，避免日晒雨淋，提升穿行的舒适性，提供良好的地面步行环境。详细规划建设指标参见《导则》。

③二层连廊

由于B2与B3站中间的商业片区非常集中，而且功能多样复合度极高，相互客流来往很大，所以在地下步行的基础之上考虑设计二层连廊，使得商业片区之间沟通无缝衔接，方便行人穿梭各大商业中心，实现人车分离的同时促进相互交流，提升效应。如图17-31所示。

④站点开发及上盖物业

B2站站内在完成综合交通功能的前提下，可适度提供小面积的超市、银行等配套商业。站点上部可开发商业综合体，与相邻的商业区、商务办公区一起形成规模效应，形成地标性建筑与CBD商圈。

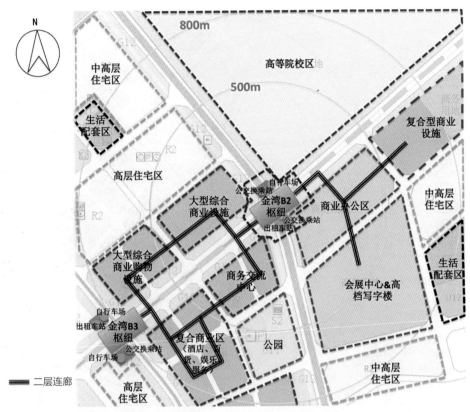

图17-31　B2枢纽站周边商业的二层连廊设计

4. 片区交通枢纽——红旗C2枢纽TOD方案

红旗C2枢纽承担着红旗片区的综合交通服务功能，同时也承担着片区的核心客流集散功能。

1）C2枢纽周边土地规划及容积率控制

根据A、B片区控制性详细规划及西部中心城区总规的土地利用性质规划，可见在C2枢纽站周边500m半径范围的土地利用情况和容积率控制情况（图中红色括号内数字即为各地块的容积率）。如图17-32所示。

（1）用地规划

根据图17-32，在红旗C2枢纽站周边500m范围内，红旗C2枢纽站南侧几乎全分布着商业混合用地，西北侧以居住用地为主，东北侧以医疗健康用地为主。整体分散着绿地，西侧整体绕着水域，环境质量提升很大。

（2）容积率调整

根据图17-32，可以发现在红旗C2枢纽站周边500m范围内居住用地的容积率基本都在2.6 ~ 3之间。现在的容积率方案开发强度适中，但是居住用地的容积率控制应该更有层次性，随着离站点距离越远越低。这样能更好地使用枢纽周边资源。

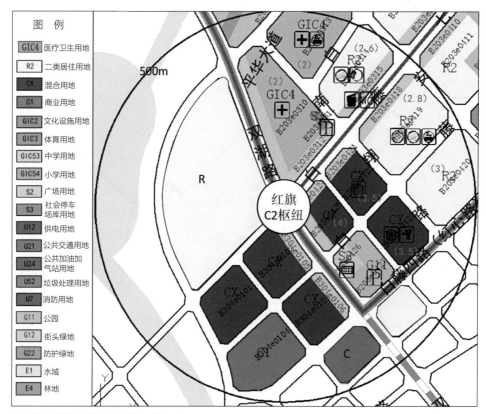

注：图中各地块上红色括号内数字即为容积率。

图17-32　红旗C2枢纽周边用地规划及容积率控制图

　　商业混合用地的容积率控制在3～4之间，集中在3.5，应根据离站点距离的远近适当调高一点商业用地的容积率指标。

　　根据珠海的市镇细胞密度分布图，可以估算金湾C2枢纽所在功能区C2的人口密度大致是15500人/km²（面积18.80km²，人口29.0万人），C4功能区的人口密度大致是15000人/km²（面积11.70km²，人口15.5万人），C5功能区的人口密度大致是10500人/km²（面积17.62km²，人口18.5万人）。再进一步地给红旗C2枢纽周边土地地块标记编号，如图17-33所示。进而可以初步估算出各地块的容积率。如表17-15所示。

　　整体而言，单枢纽周边容积率并未有过多的提升，还是建议能进一步上调一点。居住区的容积率有层次性的变化，商业用地容积率略微提高，更建议枢纽周边用地的容积率都是表17-15中容积率范围的上限数值。

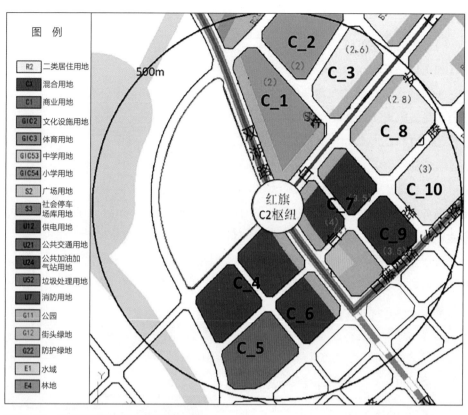

图17-33　红旗C2枢纽周边用地编号示意图

红旗C2枢纽周边用地容积率控制　　　表17-15

地块编号	用地代码	用地性质	基准容积率	调整系数	面积（hm²）	容积率
C_1	GIC4	医疗卫生用地	—	—	4.6	1.2~2.0
C_2	GIC4	医疗卫生用地	—	—	5.3	1.2~2.0
C_3	R2	二类居住用地	1.5~2.5	A1=1.1 A2=1.0	3.2	1.7~2.8
C_4	CX	混合用地	2.5~3.5	A1=1.2	5.9	3.0~4.2
C_5	C1	商业用地	1.5~2.0	A1=1.0	4.0	1.5~2.0
C_6	CX	混合用地	2.5~3.5	A1=1.1	2.4	2.8~3.9
C_7	CX	混合用地	2.5~3.5	A1=1.2	3.6	3.0~4.2
C_8	R2	二类居住用地	1.5~2.5	A1=1.1 A2=1.0	4.6	2.5~3.5
C_9	CX	混合用地	2.5~3.5	A1=1.0	2.6	2.5~3.5
C_10	R2	二类居住用地	1.5~2.5	A1=1.1 A2=1.0	4.6	2.5~3.5

2）红旗C2枢纽站土地利用功能布局及交通衔接方案

（1）用地功能布局

如图17-34所示。

①在红旗C2枢纽站东西两侧150m范围内密切衔接公共汽车、有轨电车、自行车，满足短距离交通换乘的需要，倡导公交优先。

②在红旗C2枢纽站南北侧150m范围内衔接出租车站，满足部分人使用私人交通工具的需求。

③在红旗C2枢纽站西南侧核心区范围内开发综合型商业片区，布局复合商业区及商务办公区，注重用地混合开发，增加活力与吸引力；同时，在东南侧建设大型生活性商业中心，满足居民区的生活配套、体育、文教设施等。

④居住区应层次分明，开发强度随距站点距离递减，满足不同民众需求。根据住宅区周边环境的不同，在枢纽核心区范围内，同时滨水、被山体环绕，建议开发特色住宅小区，控制开发强度。

（2）交通衔接方案

①公共交通衔接：在红旗C2枢纽站东西侧150m范围内衔接公交换乘站、有轨电车，满足近距离市内交通的换乘。

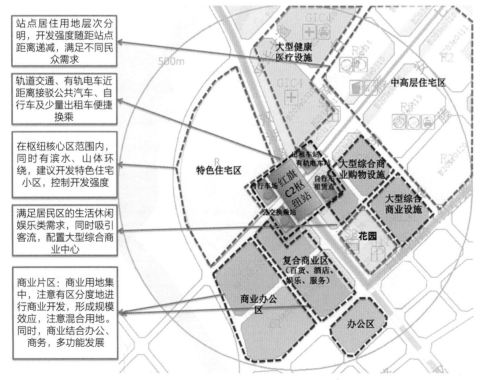

图17-34　红旗C2枢纽站周边用地功能布局图

②建设自行车场及自行车租赁点，鼓励人们使用"轨道+自行车/步行"的出行模式，引导形成绿色出行。

③在较近距离建设出租车停靠站及车位，提供良好的步行环境衔接至车站。

换乘交通设施的规划建设规格如表17-16所示，详见《导则》。

片区交通枢纽换乘设施规格引导参考　　　　　　　　表17-16

换乘设施类型	设施布置关键控制指标参考值	设施场地规模参考值
公交换乘场站	一般不少于4个发车通道	公交换乘场站规模不少于4000m²
出租车站	出租车站如需要，一般在路外场地设1条港湾通道及回车道构成，通道应能停靠不少于3辆车	出租车站如需要，规模一般不少于300m²
自行车停车场	自行车停车场如需要，停车位宜分散布置，总数一般不少于500个	自行车停车场如需要，宜分散布置，总规模一般不少于1000m²

3）步行衔接系统

（1）地下步行通道

红旗C2枢纽站商业片区较为集中，客流量较大，同时交通方式繁杂、地面步行通道步行环境受天气影响较大，所以拟在红旗C2枢纽站核心区范围内建设多条短距离地下步行通道，以改善步行环境，连通周边建筑，提升可达性，促进商务交流。如图17-35所示。

红旗C2枢纽站周边地区地下分三层，地面层为有轨电车，地下一层为步行走廊，地下二层为地铁2号线。地下走廊中配置代步电梯和适度商业设施，并于走廊交汇处设置大型地下"行人岛"，提供舒适慢行环境。

地下步行系统首先连接至各交通换乘设施，再者连接商业片区、居住区，商业区之间相互畅通，促进商业区之间相互交流，减少冲突量。

（2）地面有盖廊道

红旗C2枢纽站风雨廊与紧邻建筑的有盖廊道实现无缝衔接，同时建设有盖廊道主要衔接至各交通换乘设施，方便行人穿行于各个枢纽与建筑之间，避免日晒雨淋，提升穿行的舒适性，提供良好的地面步行环境。详细规划建设指标参见《导则》。

（3）二层连廊

在地下步行的基础之上考虑设计二层连廊，使得商业片区之间沟通无缝衔接，方便行人穿梭商业片区及医疗中心，实现人车分离的同时促进相互交流，提升效应。如图17-36所示。

4）站点开发及上盖物业

C2站站内在完成综合交通功能的前提下，可适度提供小面积的超市、银行等

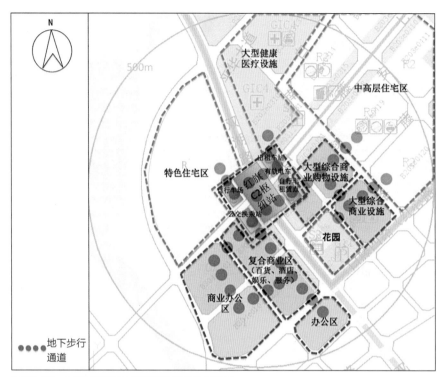

图17-35 红旗C2枢纽站的地下步行系统规划图

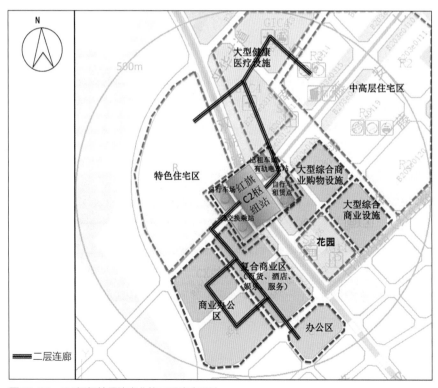

图17-36 C2枢纽站周边商业的二层连廊设计

配套商业。站点上部可开发商业综合体，与相邻的商业片区一起形成规模效应，形成地标性建筑与商圈。

5. 一般交通枢纽——红旗D2枢纽TOD方案

红旗D2枢纽承担着邻里中心的综合交通服务功能。

1）红旗D2枢纽周边土地规划控制

根据西部中心城区总规的土地利用性质规划，可见在D2枢纽站周边800m半径范围的土地利用情况。如图17-37所示。

（1）用地规划

根据图17-37，在D2枢纽站周边500m范围内，红旗D2枢纽站除了南侧分布着商务用地，东南角分布少量绿地外，东、西、北侧全分布着居住用地及其配套商业、停车设施等用地，居住用地占比几乎达到一半。

在半径800m范围内，用地性质相仿，站点西南侧以商务用地为主，围绕着部分绿地、公园和水域，东、西、北侧以居住用地为主，北侧有部分居住配套的体育和商业用地，东南侧分布着部分绿地与水域和一座院校，总体居住面积占比较大。

（2）容积率调整

根据珠海的市镇细胞密度分布图，可以估算出D2枢纽周边用地的人口密度，

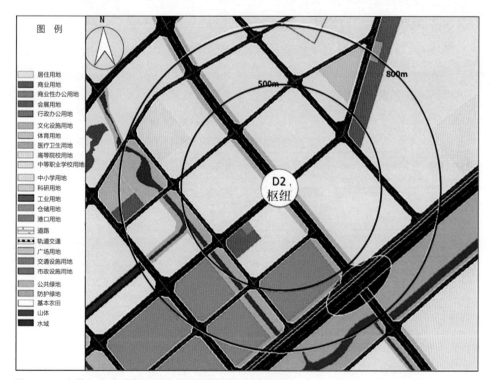

图17-37　红旗D2枢纽站枢纽周边用地规划及容积率控制图

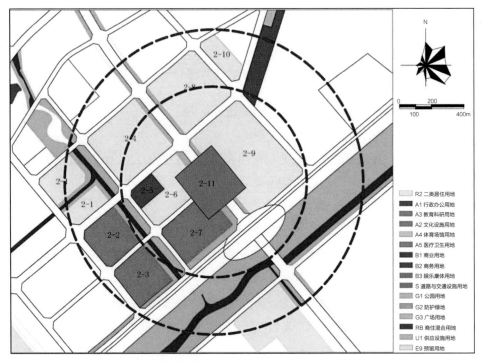

图17-38　红旗D2枢纽周边用地编号示意图

再进一步地给红旗D2枢纽周边土地地块标记编号，如图17-38所示。进而可以初步估算出各地块的容积率，如表17-17所示。

整体而言，单枢纽周边容积率并未有过多的提升，还是建议能进一步上调一点。居住区的容积率有层次性的变化，商业用地容积率略微提高，建议枢纽周边用地的容积率都是表中容积率范围的上限数值。

红旗D2枢纽周边用地容积率控制　　　　　　　　表17-17

地块编号	用地代码	用地性质	容积率引导范围	总规容积率	容积率
2_1	R2	二类居住用地	1.7~2.8	1.7~2.8	2.0
2_2	B2	商务用地	2.8~3.9	3.0~4.2	3.3
2_3	B2	商务用地	2.8~3.9	3.0~4.2	2.8
2_4	R2	二类居住用地	1.5~2.5	1.7~2.8	2.3
2_5	B1	商业用地	1.8~2.4	3.0~4.2	2.4
2_6	R2	二类居住用地	1.8~3.0	1.7~2.8	3.0
2_7	B2	商务用地	3.0~4.2	3.0~4.2	3.3
2_8	R2	二类居住用地	1.8~3.0	1.7~2.8	2.5

续表

地块编号	用地代码	用地性质	容积率引导范围	总规容积率	容积率
2_9	R2	二类居住用地	1.6~2.7	1.7~2.8	2.7
2_10	R2	二类居住用地	1.7~2.8	1.7~2.8	2.0
2_11	S2	城市轨道交通用地	—	—	—

2）红旗D2枢纽站土地利用功能布局及交通衔接方案

（1）用地功能布局

如图17-39所示。

①轨道交通近距离便捷换乘公共汽车、自行车及少量出租车；

②枢纽站点附近居住用地层次分明，开发强度随距站点距离递减，满足不同民众需求；

③由于居民区占地较大，为满足居民区的生活配套类需求，配置生活性中型商业中心等服务设施；

④商务用地结合绿地景观，形成区域性会议会展中心，打造多功能商务办公区。

（2）交通衔接

①公共交通衔接：在红旗D2枢纽站西北、西南侧100m范围内衔接公交换乘站，满足近距离市内交通的需要。

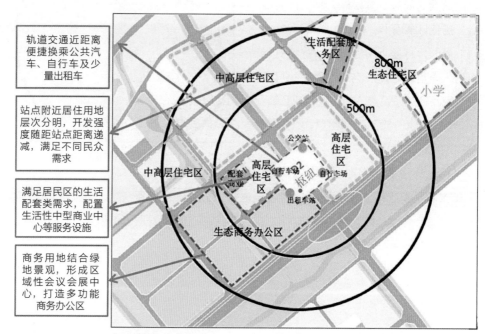

图17-39 D2枢纽站周边用地功能布局图

②建设自行车场及自行车租赁点，鼓励人们使用"轨道+自行车/步行"的出行模式，完善慢行交通体系。

③在较近距离建设出租车停靠站及车位，同时提供良好的步行环境衔接至车站。

换乘交通设施的规划建设规格如表17-18所示，详见《导则》。

城市有轨电车枢纽换乘设施规格引导参考　　　　表17-18

换乘设施类型	设施布置关键控制指标参考值	设施场地规模参考值
公交停靠站	公交车停靠站停靠的线路数不宜超过6条；线路超过6条时，可分站台布设	港湾式公交车停靠站的车道宽度不应小于3m；公交车停靠站站台的高度宜为0.15~0.3m；站台宽度不应小于2m；站台规模不应小于100m²
出租汽车站	出租汽车停车场如需要，一般在路外场地设1条港湾通道及回车道构成，通道应能停靠不少于3辆车	出租汽车停车场如需要，规模一般不少于300m²
自行车停车场	停车位宜分散布置，总数一般不少于500个	宜分散布置，总规模一般不少于1000m²

（3）步行有盖廊道

红旗D2站地面步行系统应与换乘设施、周边建筑一体设计，使步行系统与轨道站点的衔接尽量便捷，避免行人绕行，避免日晒雨淋，提升步行舒适性。

同时，打通封闭性绿地，避免对行人出入轨道站点造成空间阻碍，让行人以最短路径联系站点。如图17-40所示。

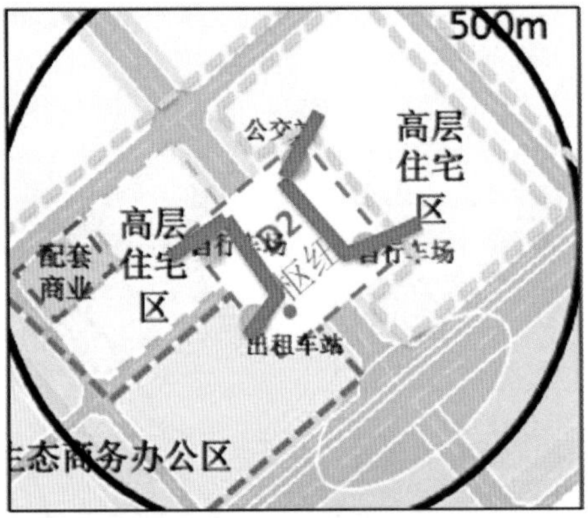

3）其他一般交通枢纽周边土地规划控制

其他一般交通枢纽的周边用地性

图17-40　红旗D2枢纽站有盖廊道设计

质和D2枢纽都比较类似，同时枢纽功能也相似，基本都是服务邻里中心的交通枢纽。所以，其他一般交通枢纽的TOD方案都可参照红旗D2枢纽的范例。

参考文献：

[1]陆化普.生态城市与绿色交通：世界经验[M].北京：中国建筑工业出版社，2014.

附件：
珠海西部中心城区TOD规划设计实施导则

第一节　总则

1.　编制目的

（1）为了加强TOD的规划引导，实现城市用地与交通系统一体化发展，促进公共交通支撑和引导城市发展的城市开发模式，建立可持续发展的生态城市绿色交通系统，鼓励土地使用与交通关联一体化开发，依据《中华人民共和国城乡规划法》等有关法律、法规及技术规范，结合住建部发布的《城市轨道沿线地区规划设计导则》（2015年），制定服务于珠海西部新城的TOD规划设计的《导则》。

（2）本《导则》作为珠海西部新城交通系统规划、建设的指导性文件，供相关职能部门在组织编制、论证及审查相关规划设计实施方案时作为工作指引使用，同时作为珠海西部新城规划设计单位编制相关规划及进行城市设计的技术指南。

2.　规划引导目标

1）设计适宜步行的街道和宜居社区

以珠海西部新城规划建设为契机，以枢纽站为核心，构筑适宜步行的街道和街区的城市空间结构。枢纽站点土地综合开发，提供多层次生活、就业、服务设施；枢纽站点周边土地开发提供足够的客流，同时增加社区活力。

2）以轨道为依托实现绿色出行

良好的公共交通设施为乘客提供舒适的"跨区域"出行服务，打造末端交通舒适的步行、自行车环境，支撑依据生活的社区和工作环境。自行车、步行交通代表一种简单、经济、低碳的出行方式，在各种目的地（包括公交车站）之间穿行。自行车、步行网络优先有利于缓解交通拥堵。因此，在新城的规划建设中必须通过提供良好的环境鼓励自行车和步行出行。

3）提高道路网密度

提高路网密度，优化交通流；利用多条窄小的道路疏解交通流，避免集中到少量干路上。

4）发展高质量的公共交通

珠海西部新城应当确定自己的公共交通发展策略，在可达性良好的位置通过提供高频率的、快捷便利的服务保证公共交通的成功。如保证高频率的、直达式快捷便利的服务；公交节点设置在居住、就业、服务中心的步行范围内。

5）通过快捷通勤引导城市发展

在规划设计过程中应合理布局公共交通的走向和线网，避免城市的无序蔓延；同时开发次序得当，引领城市合理发展。如分散就业中心，鼓励反向的交通流，缓解或避免"钟摆式"拥堵，在短程通勤距离内达到职住平衡。

3. 编制原则

（1）应坚持以人为本，以建设集约化城市和社会友好型社会为目标，贯彻科学发展观，促进资源节约、环境友好、社会公平、城乡协调发展、保护自然与文化资源。

（2）应贯彻落实优先发展城市公共交通的战略，优化交通模式与土地使用的关系，统筹各交通子系统协调发展。

（3）应遵循定量分析与定性分析相结合的原则，在交通需求分析的基础上，科学判断城市交通的发展趋势，合理制定城市TOD规划方案。

（4）应统筹兼顾城市发展阶段，结合主要交通问题和发展需求，处理好长远发展与近期建设的关系。规划方案应有针对性、前瞻性和可实施性，且满足城市防灾减灾应急救援的交通需求。

4. 规划流程

1）政府主导、市场化开发

政府主导、市场化开发模式是比较适合我国国情的一种开发模式。政府主导、市场化开发模式下的一体化是将轨道交通站点与周边影响范围内的土地作为一个整体，一体化规划设计，政府在规划建设中处于主导地位，项目公司按照规划设计要求进行市场化开发。这种模式规划执行度较高，可以最大化保证公共利益。

2）重点规划范围

枢纽站点与周边土地一体化开发实为轨道交通站点上盖物业、站点周边土地以及地下空间的联合开发；开发流程如附图1所示。

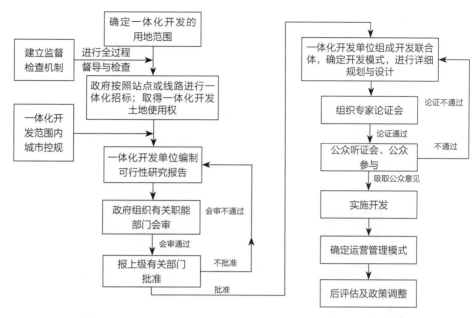

附图1 TOD重点范围开发规划流程

第二节 基本规定

1. 规划引导范围

（1）城市层面TOD规划引导的范围为城市总体规划确定的城市建设用地范围。

（2）线路、站点层面规划引导的范围为TOD开发区域，一级TOD开发区域2km²（半径800m），二级TOD开发区域1km²。具体范围可根据地形、现状用地条件、城市道路、站点类型等实际情况进行调整。

2. 枢纽站点分类

1）城市枢纽分类

（1）对外交通枢纽（A类）：承担城市内外转换的综合客流集散点。如高铁，城际轨道和地铁换乘站点。

（2）城市综合枢纽（B类）：承担区域中心功能的轨道站点，原则上为多条地铁换乘站点。

（3）片区交通枢纽（C类）：承担城市区域内片区中心功能的轨道站点，原则上为地铁和公交（或有轨）换乘站点。

（4）一般交通枢纽（D类）：承担邻里区域内的公共服务中的站点，原则上为一般地铁站点。

2）TOD影响范围

其中，根据枢纽区的影响范围，将枢纽区分为：枢纽核心区、枢纽影响区。

（1）枢纽核心区：距离站点约300~500m，与站点建筑和公共空间直接相连的街坊或开发地块。

（2）枢纽影响区：距离站点约500~800m，主要考虑TOD一级开发区域，步行约10min以内可以到达站点入口，与轨道功能紧密关联的地区。

第三节　珠海西部新城层面规划引导

1. 城市功能优化

1）城市功能优化过程

珠海西部新城TOD规划——采用混合土地使用与交通网络一体化的模式。该规划涉及以下四个步骤：

（1）在城市总体规划层面，根据土地使用类型和公共交通服务水平来指定潜在的公交先导区。

（2）在公交先导区内部，划分出不同类型的混合使用中心，这些中心的开发强度与公交服务水平相匹配。

（3）修改道路系统来构筑更适宜于步行、自行车和公交的"城市格网"。

（4）采取新的小街区控制方法及其详细的土地使用和城市设计标准来营造适宜步行的建成环境。

2）珠海西部新城TOD开发区域划定引导

以住宅和高密度商业为主的新城部分区域，可被划定为潜在的TOD开发区域。如果这些区域满足以下土地使用标准，则应被划定为TOD开发区域。

（1）TOD土地使用标准：一般来说，具有中高密度的住宅、商业、办公、服务和零售业。其中包括所有的R类、C类用途和相似用途，通常不包括M、W、T、U、G、D和E类用途。

（2）TOD公交标准：至少一个地铁站服务。典型情况下，一个TOD片区将包含一个区域性公共交通线路和几条次级地区性接驳公交线网。

（3）TOD边界标准：在已经满足其他标准的情况下，一个新TOD片区的范围，将延伸至下述对象的边界：有清晰边缘的开阔地和自然景观，非步行导向型用途的地块，高速公路或主干路。

（4）密度要求每公顷土地上平均包含200个居住人口和就业岗位，面积最少120hm^2。

（5）交通系统要求：达成"城市格网"的要求或同等水平。

TOD片区一旦划定，片区设计必须满足两个基本标准：就业岗位和住宅建筑的最低密度，应高于城市平均标准；具备一个鼓励步行、自行车出行和公交的交通网络。

3）"小街区"的设计引导

"小街区"不同于以往划定超大街区并在其中安排单一土地使用和建筑的模式，小街区的土地区划，使得人们可以在更小的区域内实现更高的土地混合度。

一些核心的设计目标包括：

（1）土地混合使用，并在街道两侧尽可能地增添零售商铺。

（2）在每个街区内部都混合搭配不同尺度、外形和高度的建筑。

（3）遵循建筑朝南布局以及日照的规定。

（4）提供街区内部庭院。

（5）细致巧妙地混合布置高层和低层建筑，可提高开发强度。

开发各种具体的"小街区"混合在一起，就可以建立各种各样的TOD片区，从而在各种总体密度上实现工作、住房、零售的平衡。

2. 公交优先引导政策

（1）枢纽影响区应通过城市功能和交通设施的配合，推行公交优先引导政策。

（2）枢纽影响区应以居住用地、公共管理与公共服务用地和商业服务业设施用地为主，不宜包括物流仓储用地、货运交通用地、大型市政公用设施用地及非建设用地。枢纽影响区内的建设应以混合型城市功能为主。

（3）除历史街区等需进行特殊保护的地区外，枢纽影响区原则上应进行容积率下限控制；位于枢纽影响区以外的一般城市地区，应进行容积率上限控制，且其容积率上限取值不应高于枢纽影响区容积率下限值的60%。城市综合体类开发建设选址，应位于枢纽影响区内。

（4）鼓励在枢纽影响区内进行地下空间的开发利用，鼓励枢纽地下空间与周边物业衔接。

（5）枢纽影响区宜采用小街坊、密路网的道路规划形态。

①支路网密度原则上应达到6~8km/km²以上，支路断面宽度不宜大于20m，对于超过45m宽的道路，宜分解为两条单向道路来分流机动车交通。

②枢纽影响区位于城市中心时，街坊尺度宜控制在120m以内，现状复杂难以进行更新改造的地区，应通过打通公共步行通道缩小地块尺度；枢纽影响区位于城市外围时，街坊宽度宜控制在200m以内。

（6）枢纽影响区应实行交通需求管理政策。枢纽影响区内建筑物小汽车停车配建标准，原则上应对原配建标准作15%~20%的折减，容积率越高，折减系数越大。

（7）枢纽影响区应优先保障步行、自行车交通的空间品质。在枢纽站、中心站周边机动车与步行交通较集中地区，宜充分利用地下、地上二层空间修建公共步行系统。条件允许的城市，枢纽影响区宜控制为机动车限速30km/h以下的慢速街区。

第四节　线路站点层面规划引导

1. 开发建设机制

（1）为顺应市场经济条件下城市枢纽站点开发建设的投融资需要，在珠海市西部新城规划过程中应加强对枢纽影响区用地权属、开发成本的研究，明确枢纽影响区的发展建设机制。

（2）轨道线位走向及站点选址应考虑站点周边地块的储备及开发条件，使轨道建设能够引领周边区域的发展，从城市未来发展增量中谋求轨道交通运营的财务可持续性。

（3）潜力地块的选取，应结合土地利用总体规划、城市规划、交通规划、城市未来房地产发展趋势，综合分析其用地与交通系统的关系，分析用地权属、建筑等因素。潜力地块原则上应位于轨道影响区范围内，并应在后续规划设计过程中，保持与轨道站点之间便利、安全、高品质的步行联系，保障潜力地块的开发建设与轨道交通建设及运营形成合力。

2. 功能定位

（1）在《珠海市城市总体规划》指导下，分析城市未来空间结构、发展方向、发展时序及未来房地产业的发展趋势，结合城市旧城区与新区发展的不同要求，将轨道沿线划分为不同的发展片区，对各片区的功能进行整体研究，进一步明确轨道沿线各片区的功能定位、空间发展重点及概念性建设规模。

（2）在对枢纽站点的开发模式与前景进行综合分析的基础上，进一步明确轨道沿线各站点的城市功能定位，确定各站点所属分类分级及主要功能。

（3）充分考虑市场经济条件下，商业服务业发展对集聚效应和规模效益的要求，合理确定站点各项功能的发展需求，强调特色发展，避免均质化布局。

（4）从城市及片区交通系统发展的角度出发，充分分析轨道沿线各站点的交通服务职能和服务范围，明确各站点的交通发展定位。

3. 枢纽站点TOD设计总体原则

枢纽站点TOD设计从用地功能、开发建设强度、交通设施衔接及步行空间衔接这四大方面进行考量，附表1所示为总体原则。

附表1

枢纽站点TOD设计原则

枢纽站点类型	用地功能	开发强度	交通设施衔接	步行系统衔接	站点
对外交通枢纽（A类）	1. 在满足综合交通功能的基础上，鼓励进行综合开发，包括商业、办公、会议、酒店、娱乐等功能。 2. 位于城市中心区的枢纽站（A1金湾枢纽站）应考虑城市综合体的建设方式			1. 可设置交通立体换乘平台、换乘大厅或广场，连接轨道站点出入口对外交通出入口； 2. 根据交通需求预测，提供轨道站点与其他交通方式换乘的公共通道，形成便捷的多方式换乘体系； 3. 换乘空间应实现24小时服务、人车分行，实现无障碍通道； 4. 鼓励设置跨越线路两侧的人行通道连接线路两侧的交通功能和公共空间	金湾枢纽（A1）、珠斗-广佛江珠城际交汇枢纽（A2）、斗门枢纽（A3）
城市综合枢纽（B类）	1. 以商业服务业、商务办公、公共管理与公共服务功能为主； 2. 居住型建设：可兼容公寓等集约型建设，居住开发不超过总建设量的30%，鼓励以多种形式提供公共开放空间； 3. 公益性设置综合在综合体内设公益性的科教、文化服务、体育活动等设施及政府的办事机构	1. 提倡土地混合使用。 2. 由枢纽站点向影响区外有层次、有梯度地降低容积率，混合布置高层和低层建筑，提高开发强度。 3. 依照刚大格概念规划中的开发强度容积率作为整体控制。 4. 参照新加坡TOD地块站周边用地类型比例进行功能布局。 5. 站类： (1) A类站：应遵循集约开发和建设强度的原则，协调不同开发与周边站点的净容积率下限为3.5； (2) B类站：站点核心区范围内地块的净容积率下限为5，站点影响区范围内的净容积率下限为3.5； (3) C类站：净容积率下限一般可按3控制； (4) D类站：块的净容积率下限为2，围内地块的净容积率下限为1.5	1. 换乘设施用地应靠近轨道站点布置，轨道交通换乘优先次序：步行>自行车>地面公交>出租汽车>小汽车。 2. 各类设施与轨道站点出入口距离应符合以下要求： (1) 自行车停车场与站点出入口步行距离宜控制在50m以内；自行车停车场宜结合站点出入口分散布置。 (2) 公交换乘场与站点出入口步行距离宜控制在150m以内。 (3) 出租汽车上下客区与站点出入口的步行距离控制在150m以内； (4) 小汽车停车场与站点出入口的步行距离控制在200m以内； (5) 长途客运站、高铁城际站点与城际站点入口的步行距离控制在500m以内	1. 鼓励规划设置一体化的立体步行系统，扩大轨道交通的服务范围； 2. 城市核心地区应在站点之间设置地下通道、地下商街，结合商业开发，实现多站间换乘； 3. 在城市其他地区，结合地下步行系统及商业开发，建设地下步行系统穿越城市道路，使轨道服务延伸到相邻街区； 4. 鼓励结合轨道影响区开发设置二层连廊系统等跨越城市道路，拓展轨道服务范围；设置二层连廊系统时，仍需保证地面步行系统的完整与畅通	2号线和5号线交汇站（B1）、1号线、2号线和6号线交汇站（B2）、2号线和4号线交汇延长线交汇站（B4）、1号线和6号线交汇站（B3）
片区交通枢纽（C类）	1. 以商业服务业、公共服务功能与公共管理与等功能为主； 2. 在轨道站点核心区范围内，鼓励以多种形式灵活利用立体空间，提供生活便利设施，公共医疗设施、幼儿园、文化设施、养老设施等公共服务功能； 3. 鼓励以多种形式灵活利用立体空间提供公共绿地和广场			立体步行系统：鼓励以站点为核心，根据人流主方向集散布立体步行系统（二层步行连廊、地下过街通道等），连接站点出入口与周边主要建筑，并设置立体人行过街设施；鼓励结合立体人行过街设施，适当安排服务于片区的商业服务设施	轨道站点与有轨交汇站点（C1、C2、C3、C4、C5、C6）、轨道线与公交干线交汇站点（C7、C8、C9、C10）
一般交通枢纽（D类）	1. 城市居住社区或就业密度高、通勤需求较强的产业区； 2. 根据需求结合开发，鼓励混合开发			鼓励以站点为核心，根据人流主方向集散于地下、平面行系统，连接站点出入口与周边主要建筑，公交站、公交站，并结合立体、主要道路交叉口设置立体人行过街设施	重要的单一轨道站点

4. 用地功能设计

根据附表2中各类枢纽站点的用地匹配度结合珠海各大枢纽站的用地性质考虑，并参考新加坡站点周边用地性质设计出珠海西部中心城区各大枢纽站的用地功能布局，如附图2～附图4所示。

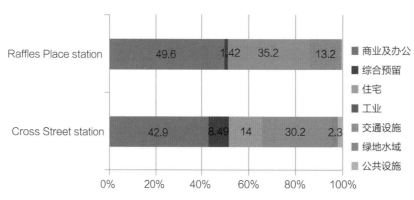

附图2　核心区车站周边的用地性质结构（250m）[1]

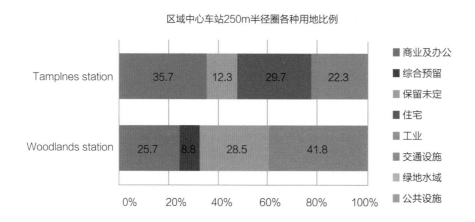

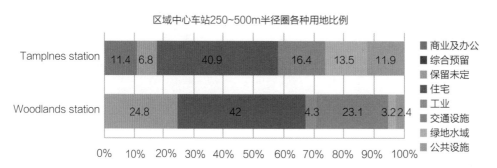

附图3　区域中心车站周边用地性质结构[1]

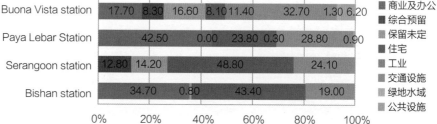

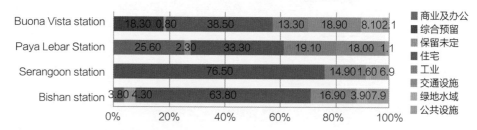

附图4　次级中心车站周边用地性质结构[1]

　　强化围绕轨道交通站点为核心的TOD发展模式，实现综合一体化开发，轨道交通站点周围控制范围内功能布局由内向外依次原则上是商业、办公、居住；由下而上依次是商业、办公、居住，距离站点越近开发强度越高，形成不同性质的环形用地功能圈，突出高强度、绿色交通，打造生态、绿色、便捷、高效、安全、有特色、具有综合功能的城市单元。

　　（1）功能业态：轨道站点核心区的商业功能、开发规模及功能比例，应在考虑所在城市轨道交通建设与管理投融资机制和上位规划的基础上，通过详细的产业分析策划及相关投融资分析加以确定（附表2）。

各类枢纽站点的功能业态匹配设计原则　　　　　　　　　附表2

站点类型	业态类型与匹配度								
	交通	办公	商业	酒店	居住	文教	旅游	会展	市政
对外交通枢纽站（A类）	5	3	5	5	—	—	1	5	5
城市综合枢纽站（B类）	4	5	5	5	4	4	2	5	5
片区交通枢纽站（CI类）	4	4	5	3	5	3	2	—	4
一般交通枢纽站（CII类）	3	2	3	1	5	3	—	—	2

注：数字表示匹配程度，1~5数字越大表示匹配度越高。

（2）综合体：站点枢纽综合体的空间布局设计原则（附表3、附图5）。

综合体不同业态类型空间设置原则　　　　　　　附表3

业态类型	空间	设置
交通	与轨道接驳的交通换乘场站	地面层、地下一层或地下二层
	停车设施	地下二层或以下
商业	结合公共设施、地下空间及换乘空间	地下二层至地上四层
办公及酒店	办公场所或酒店等要求相对静谧的场所	地上三层及以上
文教	社区服务的文化娱乐设施、体育设施、教育设施及与之配套的开放空间	地下二层至地上四层
其他	中小学、养老设施及与之配套的开放空间	地面层至地上三层

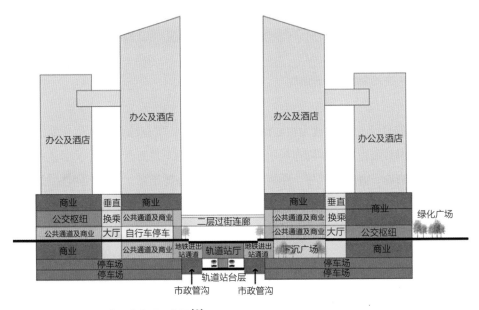

附图5　站点核心区功能竖向分层示意图[2]

5. 开发强度控制设计

根据《珠海市城市规划技术标准与准则》（2015年版）中容积率的调整方案及概念规划中确定的开发强度控制方案，设计枢纽站点周边用地的开发强度。

容积率整体控制方案：

居住用地（R）、商业服务业设施用地（B）地块容积率是在基准容积率的基础上，根据微观区位影响条件进行调整。

计算公式如下：地块容积率=基准容积率×A1×A2。

其中，A1、A2 分别为交通区位调整系数、地块规模调整系数。交通区位调整系数（A1）包括城市轨道站点调整系数、周边城市道路调整系数。当两个影响条件同时存在时，应选取较大值（附表4~附表6）。

城市轨道站点调整系数 附表4

区位情况	站点类型	地块几何中心至城市轨道站点距离			
		≤250m	250~500m	500~800m	≥800m
调整系数	枢纽站	1.3	1.2	1.1	1.0

周边城市道路调整系数 附表5

区位情况	主干道≥2	主干道=1或次干道≥2	次干道=1或支路≥2	支路<2
调整系数	1.2	1.1	1.0	0.9

居住用地地块规模调整系数 附表6

用地规模（hm²）	0.3~1	1~8	8~15	>15
调整系数	0.9	1.0	0.9	0.8

6. 交通设施换乘设计

结合住建部《城市轨道沿线地区规划设计导则》、北京市《轨道交通接驳设计技术指南》确定珠海市西部中心城区各类枢纽站点的交通设施接驳设计的原则及细则。

1）交通设施组织原则

（1）保证轨道交通接驳设施与外部各类交通的流线顺畅；

（2）应减少各类轨道交通接驳设施之间的交通流线交叉干扰；

（3）应保证各类轨道交通接驳设施内部的交通流线连续、合理、便捷；

（4）应合理设置交通标志标线，对行人和车辆进行有序引导。

2）交通设施换乘（附表7）

交通设施换乘要求表 附表7

枢纽类型	换乘设施类	设施布置关键控制指标参考值	设施场地规模参考值	新城规划区内枢纽数量
对外交通枢纽（A类）	公交换乘场站	一般不少于8个发车通道	公交换乘场站规模一般在8~1.2万m²	3

续表

枢纽类型	换乘设施类	设施布置关键控制指标参考值	设施场地规模参考值	新城规划区内枢纽数量
对外交通枢纽（A类）	出租汽车停车场	上下客区原则上分离，下客位需根据实际情况确定，上客位一般不少于6个，排队蓄车位一般宜为50个	出租汽车上客及排队蓄车场地规模一般宜为2000 m²	3
	小汽车停车场	小汽车配建停车场，车位一般不多于350个	小汽车配建停车场规模一般不多于1.5万m²，结合交通需求管理政策确定	
城市综合枢纽（B类）	公交换乘场站	一般不少于6个发车通道	公交换乘场站规模不少于6000m²	4
	出租汽车停车场	出租汽车停车场如需要，一般在路外场地设1条港湾通道及回车道构成，通道应能停靠不少于5辆车	出租汽车停车场如需要，规模一般不少于500m²	
	自行车停车场	自行车停车场如需要，停车位宜分散布置，总数一般不少于500个	自行车停车场如需要，宜分散布置；规模不少于1000 m²	
片区交通枢纽（C类）	公交换乘场站	一般不少于4个发车通道	公交换乘场站规模不少于4000m²	33
	出租汽车停车场	出租汽车停车场如需要，一般在路外场地设1条港湾通道及回车道构成，通道应能停靠不少于3辆车	出租汽车停车场如需要，规模一般不少于300m²；	
	自行车停车场	自行车停车场如需要，停车位宜分散布置，总数一般不少于400个	自行车停车场如需要，宜分散布置，总规模一般不少于800m²；按纵向或横向分组排列，每组停车长度宜为15～20m	
一般交通枢纽（CII类）	公交换乘场站	一般不少于2个发车通道	公交换乘场站规模不少于1800m²；公交场站车行出入口宜分开设置，宽度为7.5～10m，出入口合并设置时，其总宽度不应小于12m。一般建议结合用地建设	26
	公交停靠站	公交车停靠站停靠的线路数不宜超过6条；线路超过6条时，可分站台布设	港湾式公交车停靠站的车道宽度不应小于3m；公交车停靠站站台的高度宜为0.15～0.3m；站台宽度不应小于2m；站台规模不应小于100m²	
	出租汽车停靠站	出租汽车临时停靠需要1～2车位	—	
	自行车停车场	停车位宜分散布置，总数一般不少于300个	宜分散布置，总规模一般不少于600m²；按纵向或横向分组排列，每组停车长度宜为15～20m	

3）交通衔接设计引导

（1）轨道站点核心区内主、次干路和支路均应配置完整的步行和自行车道，步行和自行车道单侧宽度均不宜小于3m。

（2）轨道站点核心区内的步行和自行车过街设施间距不宜大于200m，即使设置了立体过街通道，仍应保证平面过街方式。人行横道长度大于16m时，应设置行人过街安全岛。

（3）轨道站点影响区内自行车道与机动车道应采用物理隔离，在支路上可采用非连续的物理隔离。

（4）轨道影响区内换乘设施规划应符合以下原则和规定：

①换乘设施用地应靠近轨道站点布置，轨道交通换乘优先次序：步行、自行车、地面公交 > 出租汽车 > 小汽车。

②自行车停车点与站点出入口的步行距离宜控制在50m以内。

③公交换乘场站与站点出入口的步行距离宜控制在150m以内。

④出租汽车上下客区与站点出入口的步行距离宜控制在150m以内。

⑤小汽车停车场（如有）与轨道站点出入口的步行距离宜控制在200m以内（附表8）。

换乘设施配置表　　　　　　　　　　　　　附表8

枢纽类型		对外	城市	片区	一般
换乘设施类型	公交换乘场站	★	★	★	★
	小汽车停车场	★	●	●	●
	出租车停车场	★	★	★	★
	自行车停车场	▲	★	★	★

注：★表示一般应配置；▲表示可选择配置；●表示一般无需配置；✖表示一般不应配置；小汽车停车场注重（P+R）模式，原则上宜在城市在中心区外围设置。

（5）轨道站点核心区内步行系统应与换乘设施、周边建筑一体设计，使步行系统与轨道站点的衔接尽量便捷，避免行人绕行。

（6）应尽量打通封闭性大院和绿地，避免对行人出入轨道站点造成空间阻碍，让行人以最短路径联系站点（附图6）。

（7）轨道站点核心区内步行系统设计应人车分行，并与公共空间结合，综合考虑遮荫挡雨设施、街道家具、铺装、标识等的设置，保证步行空间的环境品质，满足全天候使用的需求（附图7）。

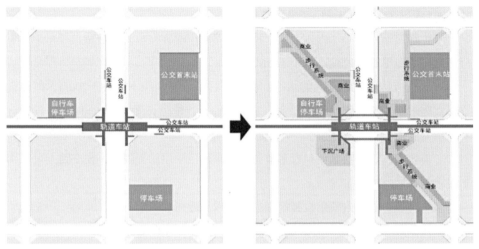

附图6　步行系统与轨道站点的衔接尽量便捷[2]

附图7　地面高架步行通道宜加设雨棚保证全天候的使用需求[2]

4）轨道站点出入口设计引导

（1）枢纽站点应尽量增加出入口数量，实现与周边道路、建筑和公共空间的一体化衔接（出入口密度）。

（2）枢纽站点出入口应优先保障与地面公交等交通设施的便捷换乘，设置连续步行通道和明显的交通导向标志。

（3）站点出入口除与建筑直接相连接外，还应结合周边支路设置。站点核心区中每条支路都宜有出入口与其直接连接。

（4）枢纽站点出入口应与周边建筑紧密衔接：

①站点核心区新建建筑有地下商业功能的，原则上应有出入口直接连通建筑地下空间。

②站点出入口应尽量设置在地块红线以内，避免占用道路红线内的人行空间。

鼓励站点出入口与周边建筑组合设计，统一考虑建筑设计方案。

③站点与建筑直接连接时，应充分考虑周边物业的管理实际，满足疏散要求，在靠近轨道站点出入口处设置直通地面的辅助出入口。

④轨道站点与城市功能之间有高架桥、水系等地面障碍时，应延长进出站通道长度，增加出入口跨越障碍，为乘客提供人车分行的舒适环境。

第五节　实施机制

1. 规划编制流程建议

遵照上文提出的构建方案，需从规划编制内容、相关技术规范和技术导则等方面进行优化、细化，落实到规划编制成果。

目前，城市规划编制内容是以功能分区为理论基础，将城市结构为生产、生活、交通、游憩四大功能，并以此为基础构建各城市子系统，由于缺乏各功能之间的联系，难以满足城市低碳发展的要求，需要加强土地使用与交通等功能之间的有机联系，倡导交通引导发展理念，促进低碳城市空间的形成。

（1）制定专项TOD规划设计与实施方案。

（2）总体规划层面，通过TOD发展模式引导，空间布局规划应切实贯彻交通引导发展的理念，与公共交通枢纽结合构建城市中心体系，以交通减量为目的，优化空间布局，提倡用地适度混合布局，合理提升土地开发强度。

（3）修建性详细规划层面，通过TOD发展模式引导，在空间布局方面，一是交通引导用地布局优化，应在满足项目功能布局、环境景观要求的基础上，结合当地的公共交通组织、周边建设环境影响等因素，综合考虑规划地块内的总平面布局、建筑密度、建筑朝向、建筑间距、建筑群体空间组合等内容，使规划方案与当地公共交通条件相适应，引导低碳出行。二是混合用地设置；在交通组织方面，落实城市总体规划中交通引导发展的要求，深化细化道路网，促进小街区的形成，保障公交优先和慢行友好，合理布局停车场和公交首末站等交通设施，制定分区差别化的停车调控策略，积极引导小汽车"合理拥有，理性使用"，优化交通出行结构，是该层面落实绿色交通体系构建的重要内容。

2. 规划管理流程建议

（1）在城市实施总体规划的过程中，各类功能与布局调整，如各类新区规划、城市交通枢纽规划、大型高强度开发项目选址等，均应与TOD规划进行校核。

（2）建设规划方案及成果评审的各个环节，以本《导则》成果要求为依据。

参考文献：

［1］新加坡重建局官网https：//www.ura.gov.sg.

［2］住建部．城市轨道沿线地区规划设计导则［S］，2015. http://www.mohurd.gov.cn.